本书由 2023 年度广东省基层科普行动计划资助

趣识实验动物

主　编　卓振建

副主编　刘琪帅　林惠然　马　炜　卓淑苗　王小康

编　委　廖文峰　郑楚雅　冯露平　曾如凤　谭志刚

图书在版编目（CIP）数据

趣识实验动物 / 卓振建主编. —北京：北京大学出版社，2023.10

ISBN 978-7-301-34456-9

Ⅰ. ①趣… Ⅱ. ①卓… Ⅲ. ①实验动物－青少年读物 Ⅳ. ①Q95-33

中国国家版本馆CIP数据核字（2023）第173379号

书　　名	趣识实验动物 QUSHI SHIYAN DONGWU
著作责任者	卓振建 主编
责任编辑	黄 炜
标准书号	ISBN 978-7-301-34456-9
出版发行	北京大学出版社
地　　址	北京市海淀区成府路205号　100871
网　　址	http://www.pup.cn　新浪微博：@北京大学出版社
电子邮箱	zpup@pup.cn
电　　话	邮购部010-62752015　发行部010-62750672　编辑部010-62764976
印 刷 者	**北京宏伟双华印刷有限公司**
经 销 者	新华书店 787毫米×1092毫米　16开本　6.75 印张　91千字 2023年10月第1版　2023年10月第1次印刷
定　　价	40.00元

序言

大家好！很高兴能为科普书《趣识实验动物》作序。在这个飞速变化的世界中，科学与技术发展日新月异，人们对于科学知识也有了更深入的渴求。实验动物是现代生物医学研究的重要支撑条件，在生命科学与生物医药研究以及保障人类健康等方面发挥着重要的作用。然而实验动物学作为一门新兴的应用型交叉学科还没有被公众普遍认识，公众对实验动物法制化管理、实验动物福利与伦理的科学理念等方面的了解还有待提升。

本书旨在帮助读者更深入地了解实验动物，让读者体会到实验动物的重要性。在普及和宣传实验动物科学理念的同时，引导人们充分认识实验动物科学对人类健康的贡献和重要意义，提高实验动物学科地位，提升国民科学素养，推动科学事业的全面发展。

本书内容涵盖实验动物及动物实验的起源、概念、发展史、意义等方面，同时结合著名案例对动物实验及实验动物进行了全面的剖析。书中不仅讲述了常见的实验动物，而且介绍了实验动物在医药、生物技术、生命健康等领域的广泛应用。此外，还探讨了相关伦理道德问题，引导读者反思科学研究的意义以及如何平衡科技进步与文明进程之间的关系。

希望通过本书能够启发更多读者对实验动物和生命科学的兴趣，培养读者具有科学研究所需要的严谨和刻苦的精神；让更多读者认识到实验动物在科学研究中的关键地位，以及保护实验动物的重要性。

《趣识实验动物》的编写离不开作者们的辛勤付出，以及出版社的大力支持。最后，感谢青年学者卓振建博士带领的作者团队，感谢他们为实验动物学科和行业带来的这部优秀作品。希望各位读者能够支持和喜爱这本书，并提出更多的宝贵意见和建议。

（朱才毅）

广东省实验动物监测所 所长、研究员

广东省十大科学传播达人

2023 年 7 月 6 日

目 录

第一章 动物实验 1

（一）动物实验的起源 4

（二）动物实验的概念 8

（三）动物实验的发展史 10

（四）历史上著名的动物实验 16

（五）动物实验的重要性 24

（六）动物实验的意义 31

第二章 实验动物 37

（一）实验动物的概念 39

（二）实验动物的特点 42

（三）常见的实验动物 48

第三章 实验动物福利 63

（一）实验动物福利的概念 65

（二）实验动物福利的起源及发展 66

（三）五大自由 71

（四）3R 原则 77

（五）世界实验动物日 81

第四章 动物实验争议 83

（一）动物实验的局限性 85

（二）来自动物保护组织的抗议 87

（三）新时代背景下生命科学和医学研究发展趋势 89

第一章　动物实验

在人类潜心追求真理的历史长河中，科学技术的发展成就一直是最靓丽的风景。从文艺复兴时期开始，越来越多的人开始通过实验和观察来获得知识。随着时间的推移，科学技术在各个领域中取得了显著进步，也使人类的生活变得更加便利和舒适。

在本书中，你将认识到什么是实验动物，了解实验动物与人类健康的奥秘。首先向你介绍一下本书中的两个小主角小南和小燕：小南是行走的百科全书，而小燕是不懂就问的“十万个为什么”。现在，拿起你的放大镜和笔记本，和小南、小燕一起开始这段探索之旅吧！

那么我们从什么地方开始呢？

说到动物实验，就不得不说它的起源了。动物实验是怎么演变而来的？为什么要做动物实验？什么样的动物是实验动物？带着这些疑问，我们将一起探索实验动物的世界，希望这段旅程你能收获许多非凡的感悟！

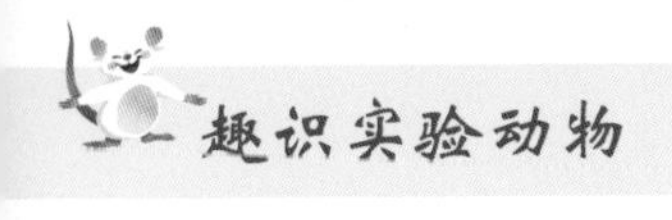

（一）动物实验的起源

对于动物想必大家都很熟悉，无论是在动物园里见到的长颈鹿、白天鹅，还是家养的狸花猫、公园散步的爷爷手里牵着的淘气的小狗……这些都是我们生活中很熟悉的伙伴。但对于实验动物，我们却知之甚少。或许你有这样的疑问：实验动物和平常看到的动物有什么不一样吗？为什么会有实验动物？这有什么特殊的意义吗？

实践出真知
神农尝百草

相传在远古时期，神农出生于一个石洞之中，拥有牛头人身的形象。由于其独特的外貌和勤劳勇敢的品质，他成了部落的领袖。当时，人们常因吃错了东西而中毒，甚至死亡；还有人患病，却无医无药。神农见人们因此痛苦不堪，想着怎样才能让人们吃饱、怎么为人们治病，就这样他以身犯险，发誓要尝遍百草，最后因为尝断肠草而去世。

今天，我们的中医中药闻名世界，你可以想象，多少味中草药的效果是在前人试用之后才得到验证的，历史上又有多少和神农一样的先辈为治病救人付出了宝贵的生命！

随着时代不断进步，无数学者在思考这样的问题——我们还需要以身犯险试药吗？是不是可以用和人类身体构造相似的参照对象来替代呢？

通过对自然的不断探索，人们注意到了人与动物的相似性：人和动物由共同的祖先在漫长的演化中分化成了不同的模样，人和哺乳动物具有相似的身体结构，那在应对一些药物的作用时，是否也有相似的反应呢？

有了这样的构想，现代动物实验开始渐渐发展起来。

（二）动物实验的概念

在科学的解释中，动物实验是指在实验室内进行，以获得有关生物学、医学等方面的新知识或解决具体问题的办法为目的，使用动物进行科学研究的过程。

说起动物实验也许你曾经历过，其实动物实验和我们息息相关。例如，在实践课上，同学们在老师的指导下给蚕宝宝喂食桑叶、清理它们的粪便并拍照记录它们的生长过程。这种实验不仅能够帮助同学们更好地了解动物的生命规律，还可以培养他们观察和记录研究结果的能力。

同学们在实践课上喂养蚕宝宝的过程，就是在进行一次小小的动物实验。从孵化出幼虫到结茧形成蚕蛹，再到羽化成蚕蛾——同学们通过了解记录蚕宝宝的一生，感受了它的神奇生命过程。

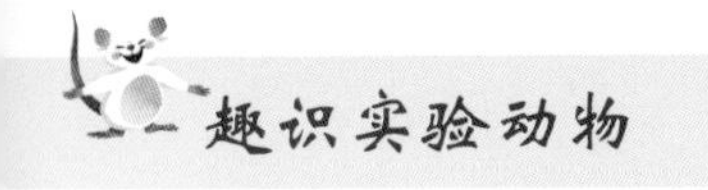

（三）动物实验的发展史

随着生命科学探索的逐渐深入，动物实验的应用越来越多。

小燕：小南，你知道人类从什么时候开始做动物实验的吗？

小南：这可有一段历史了，早在公元前 4 世纪就有了用动物做实验的记载。

小燕：天哪，动物实验可真是历史久远啊。

小南：确实如此，准备好了吗？我们一起回到过去，看看动物实验的发展历程吧！

不过，动物实验的历史最早可以追溯到公元前 4 世纪，当时希腊著名的哲学家亚里士多德已开始使用活体动物进行实验研究。他通过解剖的方法展现动物内在的差别，并将这些研

究成果记录在《动物志》《论动物部分》等著作中。

经过后世的研究证明，亚里士多德的观察和理解在很大程度上是正确的，他在动物分类学、生理学、解剖学等领域的成果为后人的研究奠定了基础。

时间来到公元前 3 世纪，此时有一位名为埃拉西斯特拉塔的学者也在进行活体动物的解剖，他在猪的体内发现了气管和肺，并确认这是吐纳空气的通道与器官。也正因为如此，埃拉西斯特拉塔被认为是活体动物解剖的创始人。

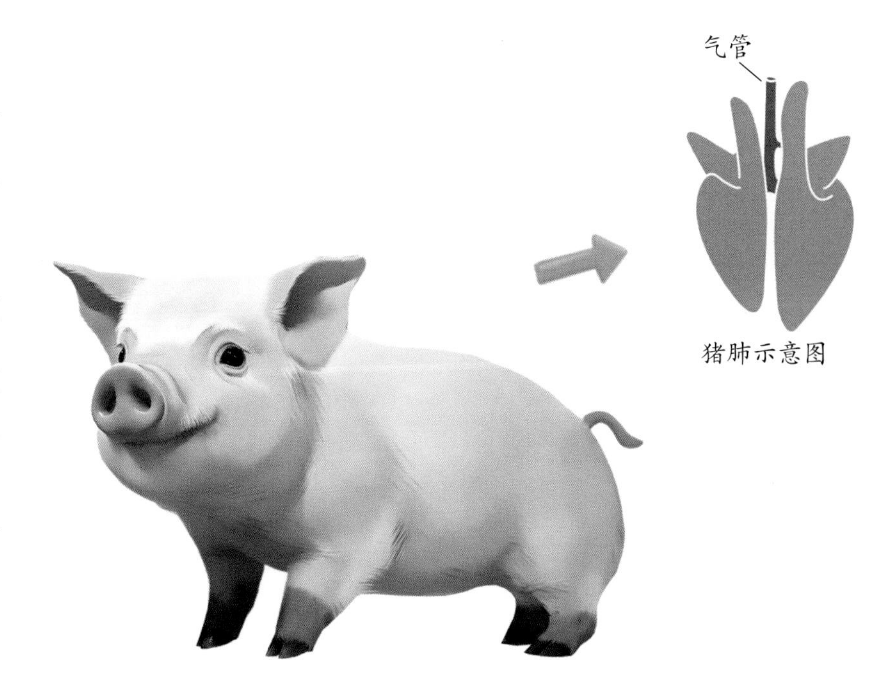

猪肺示意图

1. 活体解剖学之父

时间又过了一百年，古罗马出现了一位医学家，名叫克劳迪亚斯·盖伦。盖伦是古代医学史上最重要的人物之一，他在医学、解剖学、药理学和哲学方面都有深入的研究。他的著作、笔记和手稿对医学的发展具有举足轻重的作用，尤其在解剖学领域，他的研究成果对后来的医学家和解剖学家都产生了重要的影响。

由于在古罗马时期严禁解剖人类尸体，盖伦的解剖研究只能局限在动物身上。

盖伦，您好！我是小南，我看您对解剖学好像非常感兴趣。

那当然！要做一名出色的医生，怎么能不了解人体的结构呢？

可是您所处的罗马时代是严令禁止解剖人类尸体的啊。

唉，别提了，我也很苦恼。这不，我一直在找解决的办法。

有办法了吗？

有了。虽然无法解剖人体，但我可以试试解剖动物呀！我得赶紧去试试。

盖伦先后解剖了猪、狗、羊、兔和猿类等动物，这极大地丰富了他的解剖知识。后来，盖伦运用所学推断出了人体的解剖结构，他也因此被誉为“活体解剖学之父”。

当然，在这段时期，动物实验还是徘徊在“应用”大门之外，真正出现跨越式的进步是在动物用于手术治疗试验后。

2. 动物用于手术治疗试验

时间到了 12 世纪，动物实验走过漫长的历史，终于有人开始将动物运用在人体治疗研究的试验中。这是一位名叫伊本·苏尔的阿拉伯医生，他在进行人体治疗研究前，会先在动物上进行测试。可不要小瞧这个转变，这相当于揭开了近代医学治疗的面纱。同时，苏尔也是对人体进行解剖和尸检的第一人。

小燕：咦，咱们刚刚好像也说过盖伦是解剖第一人呀！

小南：你记错了。盖伦是活体动物解剖第一人、活体解剖学之父，而苏尔则在人体解剖学方面做出了巨大贡献！

小燕：哦，原来是动物解剖和人体解剖的区别呀！我明白了。

克劳迪亚斯·盖伦
活体解剖学之父

伊本·苏尔
人体解剖第一人

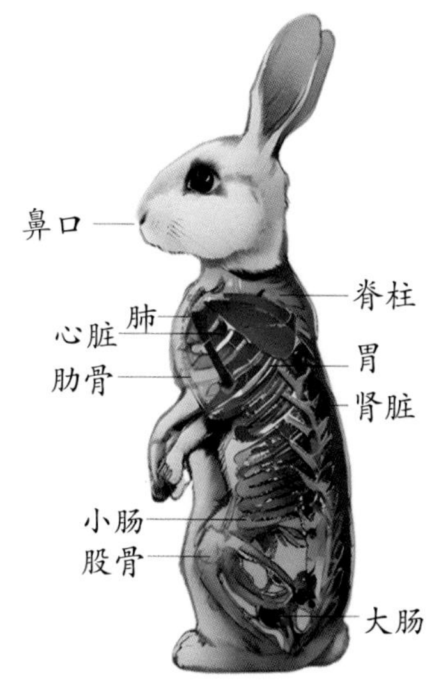

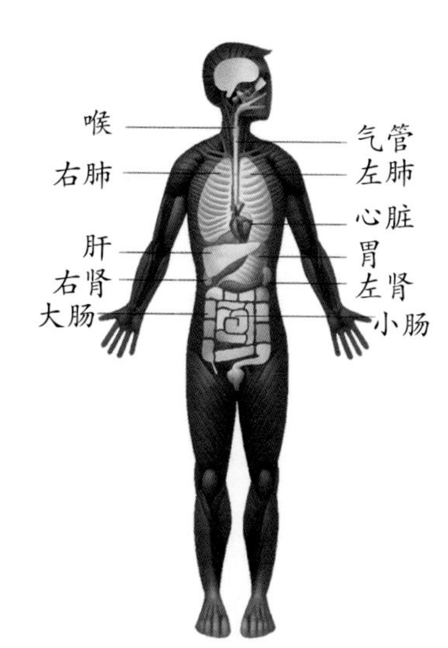

到了 16 世纪，一切都在向前发展，人们意识到要治疗疾病，不仅要研制药物，还需要了解人体，这才敲开了近代医学的大门。安德列 · 维萨里通过狗和猪的公开解剖示范，使解剖学和生理学有了极大的进步。17 世纪，威廉 · 哈维用蛙和蛇等动物进行了血液循环研究，并且解释了心脏在血液循环中的作用。在这之后，生物学家们展开了更多的研究。

3. 动物用于产品安全性测试

时间来到 1933 年，当时美国有一名女性由于使用睫毛膏造成了眼睛失明，这是化妆品成分不安全导致的。人们开始担心自己是否会受到不明产品的伤害。也正是这个事故，使得当时的美国联邦政府开始制定关于食品、药品、化妆品的法律，并于 1938 年通过《联邦食品、药品和化妆品法案》，法案强制规定用于人的产品在上市前必须经过动物实验，以确保它们是安全、有效的，而且不会对人类和生态环境造成任何危害。

小燕：嗯，这样对人类健康才有保障！

小南：1957 年，一只来自苏联名叫莱卡的狗成为第一个进入外太空的动物！1996 年……

小燕：这个我知道！克隆羊多莉就是 1996 年出生的！

接下来让我们一起了解一下历史上的那些著名的动物实验吧！

（四）历史上著名的动物实验

1. 巴甫洛夫的狗

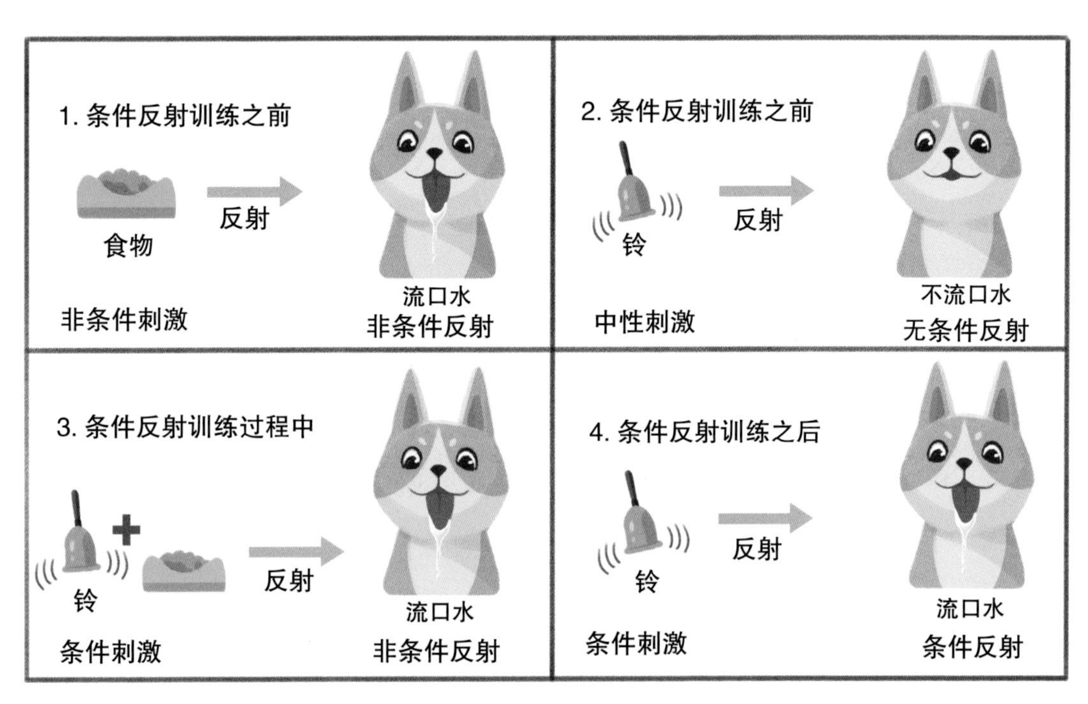

关于著名的动物实验，我们就先讲讲巴甫洛夫的狗吧。

巴甫洛夫以小狗为对象，每次给小狗喂食前先摇铃铛，经过一段时间的训练后，小狗一听见铃铛声就会分泌唾液。在这个实验中铃铛声作为一种信号，小狗每次进食前听见铃铛声，久而久之，小狗就会认为铃铛声响起意味着能吃到食物，自然一听见铃铛声就会分泌唾液。

小燕：嗯……小南，这是不是说，本来不相关的事件，在训练后就可以形成关联了呢？

小南：完全正确！

作为一个条件反射经典实验，它让我们明白，两个不相关的事件，在经过特定的训练后，就可能形成关联。也是通过这个实验，巴甫洛夫得出了两个奇妙的规律：获得与消退规律、泛化与分化规律。

小燕：小南，小狗一听到铃铛声就分泌唾液，这种条件反射是不是能长期保持下来呢？

小南：不一定呢。

小燕：为什么这么说呢？

小南：如果小狗听到铃铛声后，总能得到食物，这种条件反射就能一直保持下去。

小燕：那什么情况下不能保持呢？

小南：两个不相关事件的关联消失了呗。比如，小狗听到铃铛声后，没有吃到食物，在一段时间内，它依然会分泌唾液，但长时间得不到食物，它听到铃铛声时也就不再分泌唾液了。

小燕：原来是这样呀！

在给小狗喂食前摇铃铛，让小狗一听见铃铛声就分泌唾液，这是能力的获得。而当小狗发现被欺骗，并不能像之前一样在听见铃铛声后就能吃到食物，渐渐地听见铃铛声就不再会分泌唾液了，这是能力的消退。

泛化则是指在遇见类似的情况时会做出相同的反应；而分化则是在相似的条件中，仅对特定信号做出反应。这或许不太好理解，让我们看看小南的解释吧。

小燕：小南，获得和消退还挺好理解的。说起泛化和分化，实在有点不明白。

小南：别急，我让小花和大花给你讲讲她们的经历吧，或许能帮助你理解。

小南：小花，我听说你比较怕狗，为什么呢？

小花：因为我小时候被狗咬伤过呀，当时还打了狂犬疫苗，可疼了！

小南：那你知道为什么你现在还怕狗吗？

小花：这我不知道，总觉得靠近狗，它就会咬我。

小南：大花，你小时候也被狗咬过，是不是像小花一样怕狗呢？

大花：不一样！我不怕狗，有时候还会摸摸它。

小燕：你真的不怕狗吗？

大花：唔，只是不敢靠近黑色的狗，因为以前咬我的是一只大黑狗，我总觉得黑色的狗很凶。

小南：简单地说，小花害怕所有的狗，而大花只害怕黑色的狗，这就是泛化和分化的结果。小燕，这样解释你能明白吗？

小燕：小南，我明白了。

通过上面对话，你分清楚泛化与分化了吗？其实小花对待曾经被咬伤的经历做出的反应就是泛化，而同样被咬伤过的大花只对黑色的狗产生抗拒就是分化。

我们不得不感叹巴甫洛夫对于实验的思考和发现。他的研究开辟出一条通往认知学的道路，为人们研究动物如何学习确立了最基本的认识。

2. 马儿汉斯

20 世纪初，有一匹绰号为“聪明的汉斯”的马在柏林进行公开表演，这次表演引起了动物心理学界的轰动，你猜是什么原因呢？因为当时人们一直存在疑惑——动物真的能像人类一样聪明吗？近百年来，心理学家对此一直非常困扰，但汉斯的表演给了他们答案。没错，动物确实能够接受来自人类的信息。

汉斯的主人是一位德国数学老师，名叫威廉・冯・奥斯顿，他训练了汉斯四年，让汉斯能够进行简单的计算和报时；不仅如此，汉斯还能使用马蹄选择正确的字母。当时的人们对此深感震惊，觉得不可思议。

德国教育委员会也因此进行了长达18个月的调查，然而并没有发现任何作假的证据。在这个过程中，心理学家推断汉斯可能是从提问者那里得到了暗示，因为只有它的主人在场时，汉斯才能做出正确的回答。

汉斯的表演表明动物能够高度接受来自人类的信息，许多表面上看起来令人印象深刻的动物行为，似乎都在告诉我们动物具有复杂的认知能力。

3. 黑猩猩华秀

接下来向大家介绍一只黑猩猩——华秀。这是第一只会用手语的黑猩猩，人们刚刚知道的时候都很惊讶，要知道黑猩猩华秀最终学会使用的手语超过 250 个！一直以来，动物心理学家都在思考并求证：是否可以教会动物说话呢？有一种观点认为，只要灵长类的近亲在人类文化中长大，它们就有可能掌握人类的语言。于是，一对夫妇和他们的儿子一起养了一只名叫瓜伊的黑猩猩，他们试图教会瓜伊说话，但始终没有成功。几十年后，动物研究人员才意识到，非人灵长类动物因为口腔和声带的解剖结构与人类存在差异，是无法说话的。

了解到这样的解剖学背景后，研究者们开始转换方向——尝试教动物手语。经过辛苦的工作，才有了我们在这儿介绍的黑猩猩华秀。教授加德纳夫妇教黑猩猩华秀使用聋哑人士的手语，几年后，华秀不但掌握的手语超过 250 个，而且在

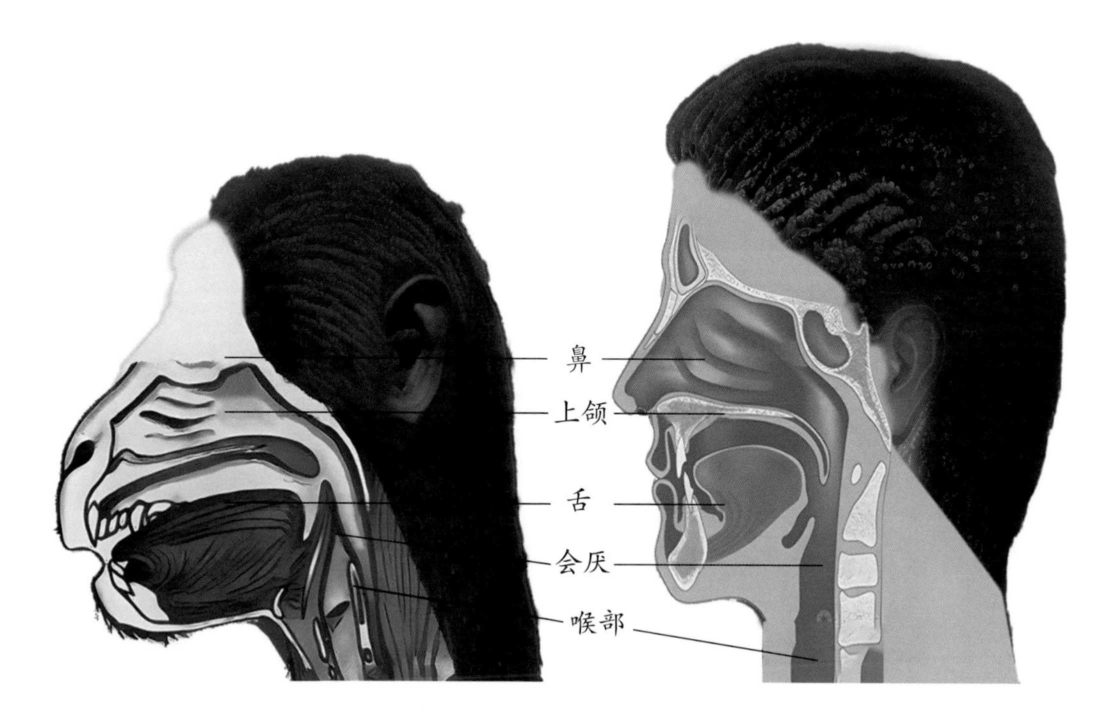

没有经过指导的情况下，还可以将手语进行组合，比如它可以将“几点”和“吃”两个动作连起来，询问吃饭的时间，问完后，还会向饲养员做出“期待”的动作。这个过程也证明了只要我们用心去教育和培养动物，它们和人类之间的交流是可能的。

4. 摩尔根果蝇实验

我们知道果蝇是一种以腐烂水果为食的昆虫，它们繁殖非常快，也很容易饲养，正是因为这些优点，摩尔根选择用果蝇做实验。正常的果蝇眼睛是红色的，但在1910年5月，摩尔根意外发现了一只白眼雄果蝇。随后，摩尔根突发奇想，将这只白眼雄果蝇与另一只红眼雌果蝇进行交配，子一代果蝇竟然全是红眼。后来，摩尔根又将培育得到的一只白眼雌果蝇与一只红眼雄果蝇交配，这次在后代中得到的雄果蝇全部是白眼，而雌果蝇中却没有白眼，全部都长有正常的红眼睛。

通过果蝇杂交实验，摩尔根提出了“染色体遗传理论”。

经过以上的学习，你是不是觉得动物实验也挺有趣的。但动物实验不仅仅有趣，它们在人类健康以及科技发展中还具有重要作用。下面让我们一起了解一下动物实验的重要性吧！

（五）动物实验的重要性

1. 药物测试

关于动物实验的作用，其实我们之前就已提到过，不知大家是否记得。新药开发中有明确规定，在新药投入使用之前，必须要经过动物实验。通过对动物采用不同的给药方式，例如皮下、肌肉或静脉注射给药等，以及使用不同的药物剂量，并运用相应的实验检测分析技术，获取动物对该药物的吸收速率、代谢途径、毒性反应等信息，来对药物的有效性和安全性进行初步评估，为将来药物的进一步开发和临床上的安全性评估打下基础。

动物实验

2. 毒理学测试

小燕：这个检测用途可真多，动物作为受试者代替人类受苦受难，真不容易！

小燕：那我喜欢的薯片也是经过检测的吗？

小南：对于入口的食物我们肯定得严格把关！薯片是膨化食品，其中有各种添加剂。这些添加剂自然是逃不掉检测的。

小燕：怪不得妈妈总让我少吃薯片，那饮料里也有添加剂吗？

小南：有的，但你也不用太担心，我们吃的正规厂家生产的零食中，添加剂的用量都在安全范围内。

给蔬菜施农药时怎样使用才对人体无害呢？膨化食品里添加剂的种类和用量要控制在什么范围之内？诸如此类，都与我们的日常生活息息相关，因此毒理学测试就是对与人密切接触的化学品进行把关，通过对农药、食品添加剂、药物和家用产品等进行各种测试，来确定产品的安全性。此外，通过测试和研究化学品的毒性数据，研究人员可以确定化学品中毒时的症状和急救方案，这是非常重要的，因为在发生中毒时，迅速采取正确的行动可以拯救生命。

3. 化妆品测试

还记得我们之前说过的一个案例吗？一名女性因为用睫毛膏引起了眼睛失明。

因为化妆品用于皮肤表面，所以我们通常需要在动物表皮进行测试。只有证明受试者皮肤不会出现红肿或发痒等现象后，化妆品才能售卖。例如，贴片测试，它可以测试化妆品是否会引起

皮肤刺激，同时还能反映刺激程度。在证明化妆品不会引起皮肤红肿或发痒等现象后，才能将其归类为无刺激性化妆品进行售卖。同时，消费者在购买化妆品时，也应该仔细阅读化妆品标签上的成分列表，选择符合自己需要的安全化妆品。

4. 心理研究

关于心理方面的动物实验研究，其实存在很多争论。

心理学家们有这样的想法：通过研究动物的心理是不是能提高对人类心理的认识呢？通过确定动物对一些刺激的反应，我们能对一些心理疾病的发生有更多的了解吗？然而持续的研究发现，造成心理疾病是许多因素共同作用的结果，通过动物实验找到的答案是相对片面的。因此，以动物实验进行心理学研究存在很大争议。

这里介绍一个著名的心理学实验——桑代克的饿猫迷笼实验，即饿猫学习如何逃出迷笼、获得食物的实验。

桑代克将饿猫关在迷笼内，饿猫可以用抓绳或按钮等不同的动作逃到笼外获得食物。第一次被关进迷笼时，饿猫刚开始盲目地乱撞乱叫，但是经过一段时间的摸索后，它碰巧打开了迷笼门，逃到笼外。桑代克将猫一次次地关入笼内，并记录每次从实验开始到猫做出正确动作打开笼门所用的时间。经过多次重复实验，他得出了猫的学习曲线。

桑代克认为饿猫是在进行“尝试错误”的学习，经过多次尝试错误，饿猫学会了打开笼门的动作。因此，有人将桑代克的这种观点称为学习的“尝试错误说”，或简称为“试误说”。

根据桑代克的试误说，孩子的成长过程和饿猫打开笼门一样，也是不断地犯错并从中获得认知的过程。因此，当孩子犯错误的时候，如果父母不是一味地批评，而是给予帮助和鼓励，认可孩子的努力和付出，鼓励孩子面对困难时愿意再尝试的勇气，那么孩子就愿意勇敢地尝试，不怕犯错误，能及时承认并改正错误。孩子在这个“试误”过程完成时，才能真正从中学到知识和技能。

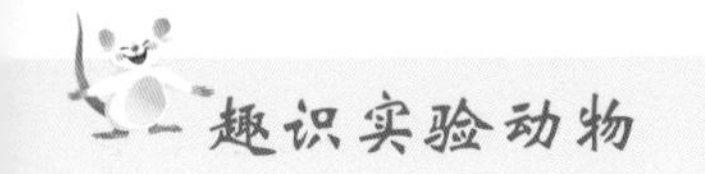

5. 生命科学研究

你可能好奇过自己是怎么出生的，也许还问过父母这个问题。

想要了解自己是怎么出生、成长的，我们就要了解生物体是如何从一个受精卵发育成个体的，在这个过程中动物实验就必不可少。由于部分实验动物的解剖学结构以及生命机理与人类的非常相似，因此在现代科学研究中，实验动物被广泛运用。随着科学技术的不断发展，动物实验也在不断改进，为人类的生命科学研究提供了重要数据和实验依据。

小南：动物实验给我们揭示了很多生命的奥秘。

小燕：这就是动物实验在生命科学研究中的意义啊！

小南：别着急，关于动物实验的意义还有很多，咱们接着往下看吧！

生命科学难题

（六）动物实验的意义

学习到这里，你大概对动物实验也有一些认识了吧。其实我们做动物实验的最终目的就是想要保障人类的健康，要是没有动物实验，我们新发现、新创造的东西又怎么能顺利地走进人类的生活呢？

小燕：嗯！没有动物实验就没有我们今天美好的生活！

小南：是的。对于一种新发现、新创造的东西，由于没有验证过，那么第一个使用的人就是“小白鼠”。在我们推崇以人为本的社会中，用人来做实验显然是不行的，我们不可能利用人来验证一种物质到底有没有毒以及有多大的毒性。

小燕：小南，动物实验真的好重要！

小南：没错，在医学发展史上，很多疾病治疗方法就是通过动物实验开发出来的。

在现代发达的医学技术下，我们仍然有许多不能治愈的疾病，比如经常听到的艾滋病、癌症（如白血病）等，都直接威胁到人类的健康，所以我们一直在探索用于治疗的新药物、新技术。

事实上，人类科学的每一次进步，都离不开动物的牺牲。我们需要知道疾病发生的原因、会给我们的身体带来什么样的变化、要怎样才能预防……要研究这些问题，我

们就需要将完整的生物体作为研究对象。合适的动物实验可以减少人类受到的风险，通过动物实验可以发现问题，可以对新药物进行筛选，对新医学技术进行调整和优化。因此，开展动物实验是迈向成功的必经之路。

例如，距离我们最近的新型冠状病毒感染疫情，新冠疫苗的开发就是在动物实验基础上进行的。通过动物实验不仅能测试药物疗效，而且在实验过程中能够检验现有的技术，让技术在运用中得到完善，在应对重大突发传染疾病时，才能在有限的时间里挽救更多的生命。

换个角度想想看，动物实验也让我们能够更好地了解动物，由此衍生出了关于动物学习、记忆、认知的研究——动物行为科学。这门科学不仅有益于人类，也为其他动物科学研究的进步提供了基础。例如，动物行为研究使我们能够更好地了解大脑的信号是如何影响行为的，并有助于理解各种动物之间的异同。与此同时，动物行为研究还为野生和圈养环境中的动物的保护提供了知识基础。此时的你是否也会萌生出成为一名动物学家的梦想呢？

我们生活在这个幸福的时代，我们用的药、接种的疫苗都经过了动物实验验证，在享受动物实验带来的福利的同时，我们应理性地爱护动物，也希望在未来能找到代替动物实验的方法，彻底改变实验动物的命运！

让我们回忆一下，著名的动物实验都有哪些吧！

1. 巴甫洛夫的实验对象是什么动物？

A. 　B. 　C. 　D. 

2. 汉斯是在哪里表演的呢？

A. 柏林　B. 荷兰　C. 罗马　D. 伦敦

唔……让我想想！

3. 下面哪一位学者在猪的体内发现了气管和肺，并确认这是吐纳空气的通道与器官？

A. 盖伦　B. 埃拉西斯特拉塔　C. 亚里士多德　D. 苏尔

4. 黑猩猩华秀最终学会使用的手语超过多少个？

A. 150　B. 205　C. 250　D. 200

5. 通过果蝇杂交实验，摩尔根提出了什么理论？

A. 生物进化论　B. 细胞学说　C. 染色体遗传理论　D. 物种多样性理论

6. 动物实验的重要性体现在以下哪几个方面？

A. 药物测试　B. 毒理学测试　C. 化妆品测试　D. 心理研究

E. 生命科学研究

第二章　实验动物

（一）实验动物的概念

《实验动物管理条例》[①]中对实验动物做出了明确定义：是指经过人工饲育，对其携带的微生物实行控制，遗传背景明确或者来源清楚的，用于科学研究、教学、生产、检定以及其他科学实验的动物。

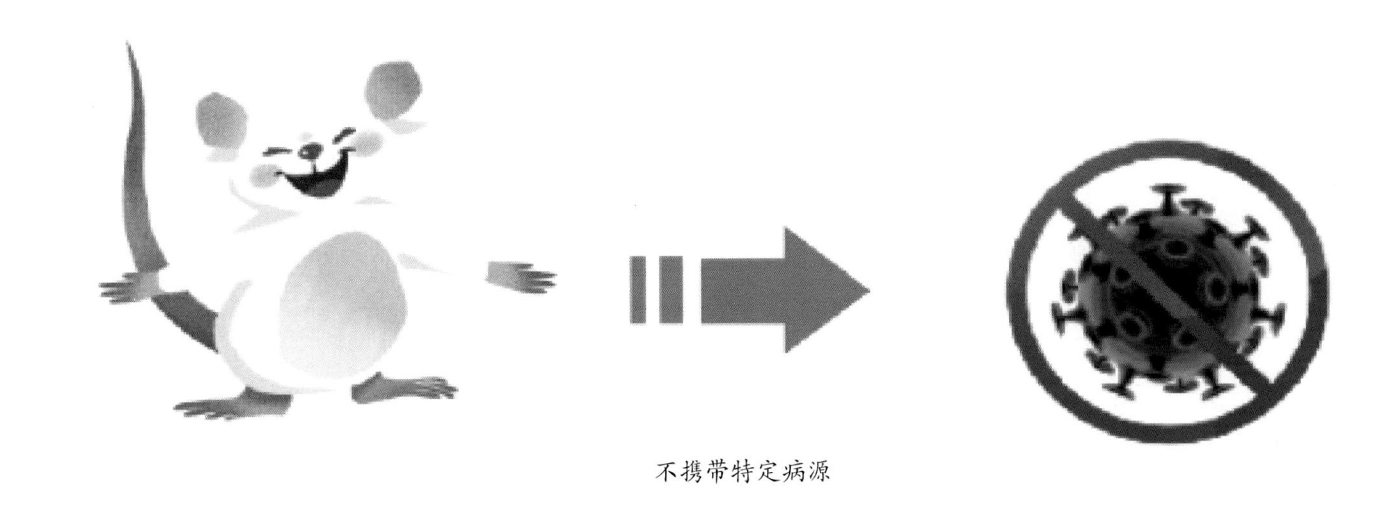

不携带特定病源

① 《中华人民共和国实验动物管理条例》的简称。

科学研究
教学
生产
检定

实验动物和其他动物有什么区别呢？

这里有一个概念我们需要区分：有一类动物叫作“实验用动物”，这和“实验动物”还不一样。准确地说，实验用动物中有实验动物、野生动物、经济动物和观赏动物。

小燕：我知道野生动物！就像在电视纪录片里看到的那些在草原上奔跑的猛兽。

小南：没错，野生动物其实就是自然环境下生长且未被驯化的动物，比如说野外的棕熊、猕猴等。

而经济动物，就是具有一定经济利用和开发价值的动物。像我们平常吃的鸡、鸭、鹅，这些家禽就是经济动物。还有我们前面提到的蚕宝宝，它们吐的丝可以制成衣服，所以也是经济动物。除此之外，观赏动物则是具有观赏性、能够陪伴人们的动物，比如说毛茸茸的小仓鼠、可爱的泰迪犬，它们都是观赏动物。

（二）实验动物的特点

根据我们之前所说的定义及其用途，实验动物具有以下四个特点：

（1）经过人工培育，遗传背景清楚；

（2）质量实行控制；

（3）环境实行控制；

（4）应用范围明确。

小燕：原来实验动物还有这么多要求啊！

小南：用于科研实验可是不能马虎的，让我们一起仔细了解实验动物的特点吧！

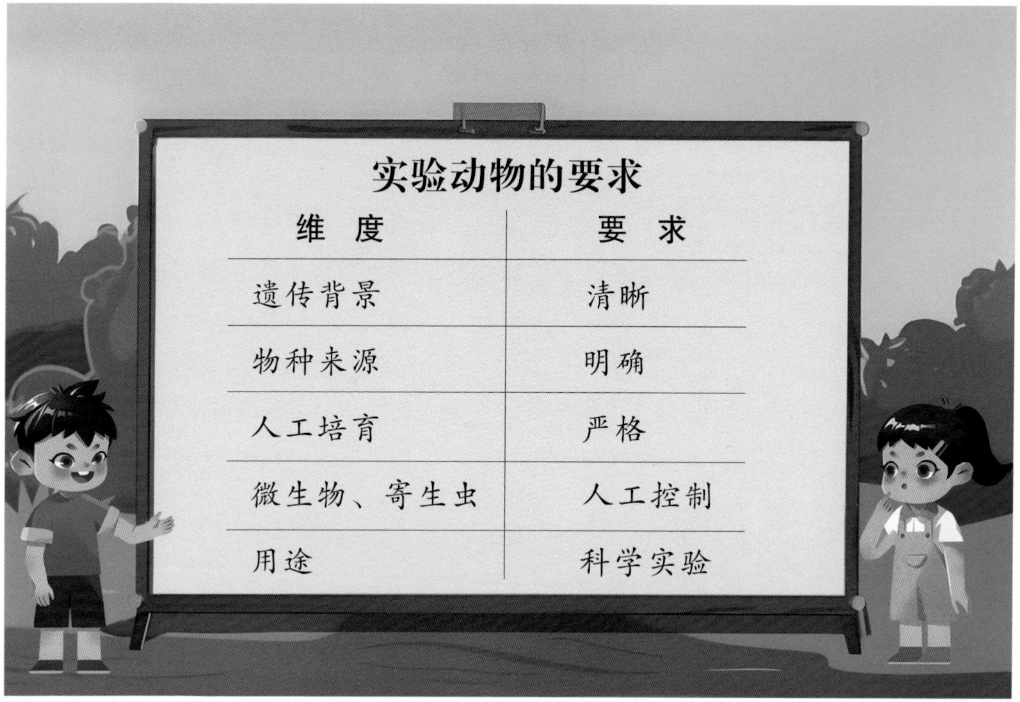

实验动物的要求

维　度	要　求
遗传背景	清晰
物种来源	明确
人工培育	严格
微生物、寄生虫	人工控制
用途	科学实验

1. 经过人工培育，遗传背景清楚

我们要求实验结果准确可靠，所以对于实验动物就必须了解清楚。知道实验动物的遗传背景和生物学特性，这样才能保证实验动物对于实验处理的反应是可靠的。按照遗传学角度，实验动物可以更细致地划分为四类：近交系动物、突变系动物、杂交群动物、封闭系动物。

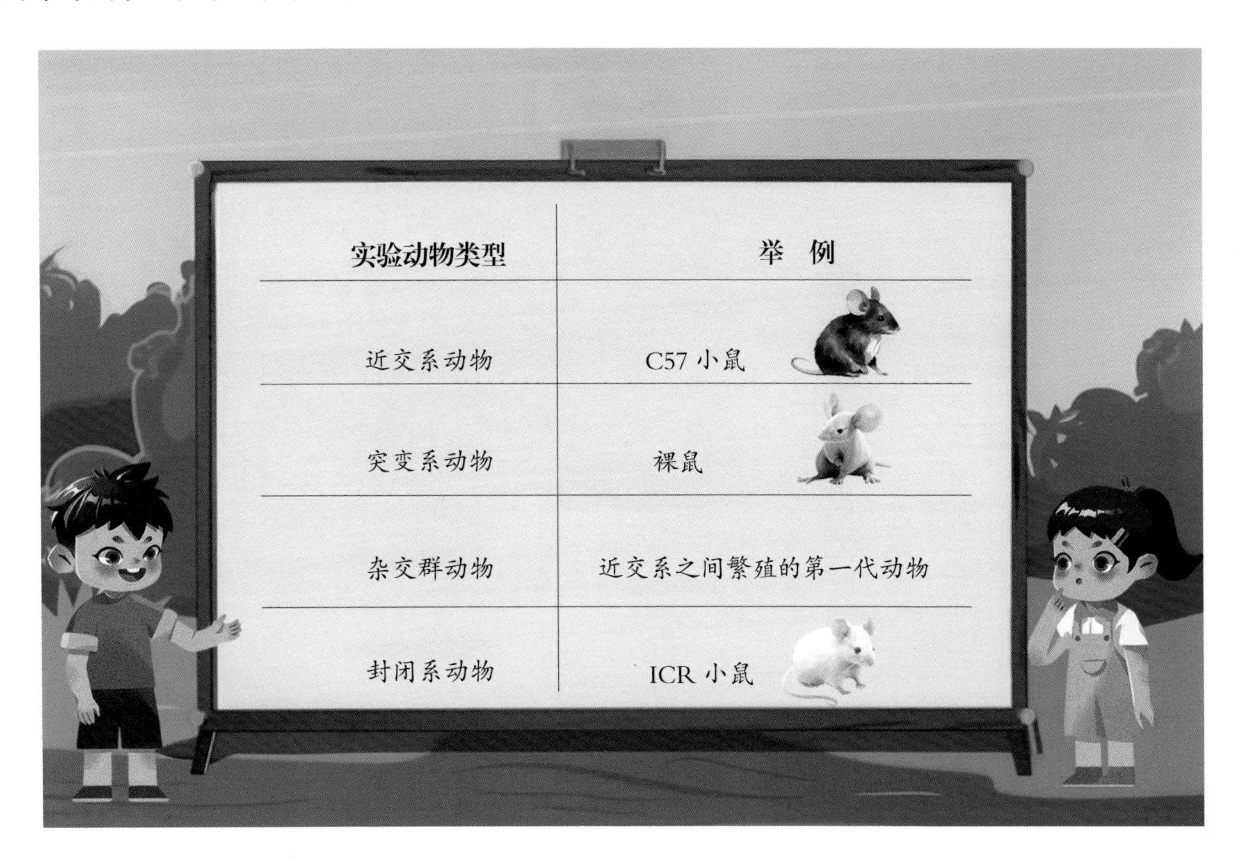

实验动物类型	举　例
近交系动物	C57 小鼠
突变系动物	裸鼠
杂交群动物	近交系之间繁殖的第一代动物
封闭系动物	ICR 小鼠

2. 质量实行控制

在动物实验过程中，因为实验动物的质量也会影响实验结果的准确性，所以从实验动物出生开始，在培养和实验过程中，都需要控制实验动物的质量，其中包括对实验动物携带微生物和寄生虫的控制。

在最新的中华人民共和国国家标准《实验动物 微生物、寄生虫学等级及监测》中，将实验动物分为三级，分别是普通级动物、无特定病原体级动物、无菌级动物。

3. 环境实行控制

为了保证实验动物的质量，对实验动物的培养条件也有要求，例如，不同来源、不同品种、不同实验目的的动物需要分开饲养，而且必须给予质量合格的全价饲料。

我们需要给实验动物提供一个舒适的环境。例如，适宜的温度、湿度、光照等条件，以及适当的空间和设施（如饮水器、笼子和宿舍等）。这些条件都需要严格控制和维护，以确保获取的实验数据的可靠性，

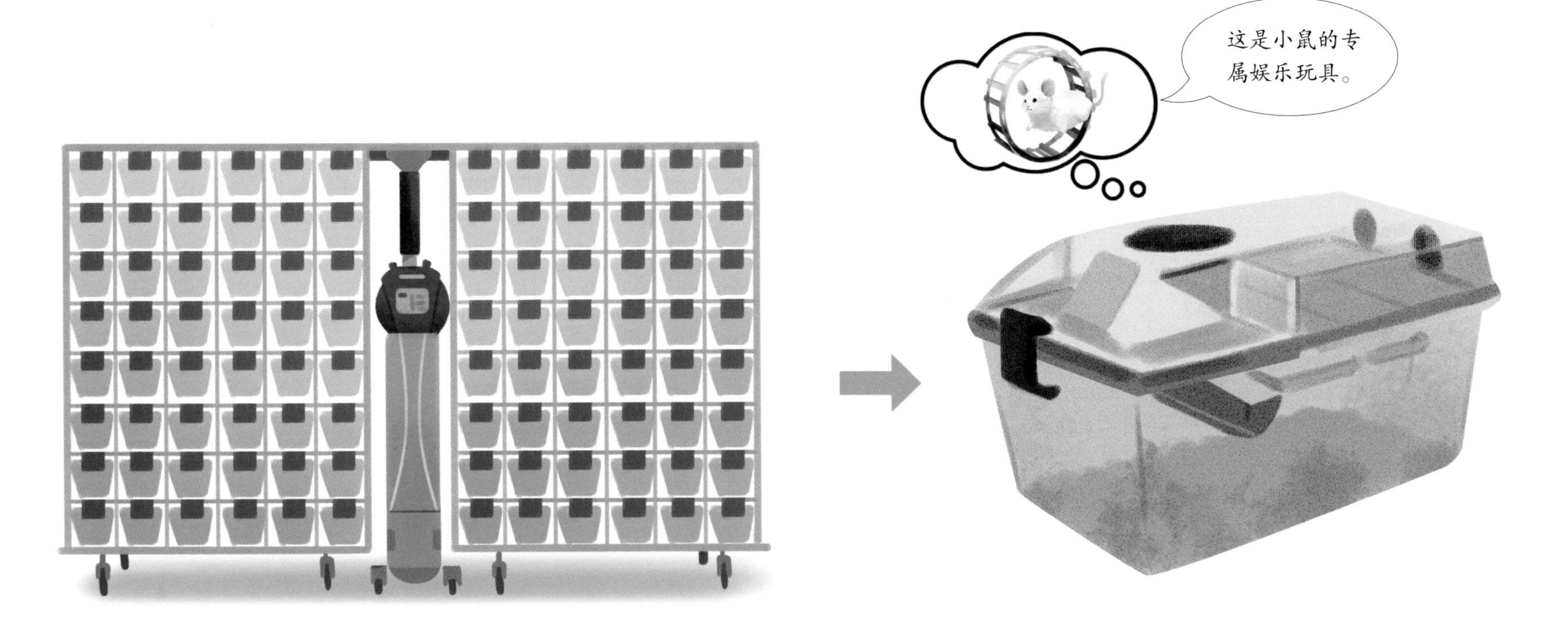

同时还能保障动物的福利。

另外，我们还需要定期对实验动物进行健康检查和疾病诊断，以预防动物疾病的发生和传播，并使患病动物获得及时的治疗。这不仅是对实验动物负责，也是对实验数据和研究结果负责。只有保障实验动物的健康和福利，才能保证实验结果的可靠性和科学价值。

4. 应用范围明确

实验动物对人类健康事业做出了巨大贡献，我们需要保障好它们的安全，不可在实验当中滥用动物，因此，对于实验动物的应用我们有明确的范围。例如：

（1）在药物研发领域，实验动物被用于药物毒性和疗效实验，以确保药物对人体的安全性和有效性；

（2）在生物学研究领域，实验动物被用于解析生命过程的基本原理和调控机制，以助于开发新疗法和新技术；

（3）在医学教育领域，实验动物被用于培养医学生的手术技能和诊断能力，提高医学教育的质量和水平；

（4）在检验、检疫领域，实验动物被用于检测食品、药物、化妆品等的安全性和质量，以保障公众的健康安全。

在科学研究、教学、生产、检验等方面都需要实验动物的帮助，然而不同的实验动物应用的领域也有不同。

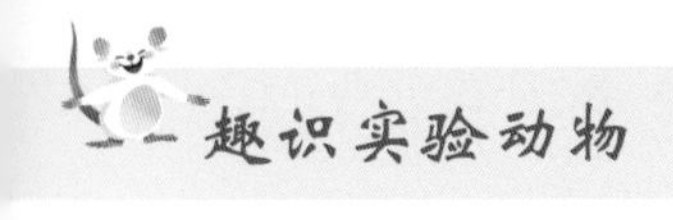

（三）常见的实验动物

想必你也知道生物分类法吧，这是按照界、门、纲、目、科、属、种对动物进行分类的一种方法。我们通常说一“种”动物，这个“种”其实就是最基本的分类单位。在介绍常见的实验动物前，我们先了解一下它们各自所属的类别。

1. 小鼠

说起常见的实验动物，就不得不说小鼠了，大家在生活中时常会听到一句话："让他来做'小白鼠'吧！"

小鼠是体型最小的哺乳类实验动物，它在世界各地的分布非常广泛。早在17世纪就有人用小鼠做实验，因此我们现在对于小鼠的研究已经比较完善了。小鼠的生长周期短，成熟早，繁殖能力强，正因如此，它也是最常见的实验动物之一。

小鼠经过长期的人工培育，一般都是温顺的，不会咬人。但是小鼠对环境变化非常敏感，容易受到惊吓，同时对疾病的抵抗力也非常差，所以需要工作人员很好地照料。小鼠喜欢黑暗、安静的环境，由于它的门齿长得比较快，需要经常啃咬坚硬的物品"磨牙"；在白天活动比较少，而在夜间却十分活跃，会相互追逐、觅食、饮水。小鼠是群居动物，研究发现小鼠成群饲养比单个饲养时生长发育得更快。

2. 大鼠

顾名思义，就是体型比小鼠大的鼠，它的生活习性和小鼠是相似的。

小燕：大鼠和小鼠生活习性如此相似，真像是一家！

小南：不，不但不是一家，大鼠还是小鼠的天敌。它们不但生活习性不同，应用领域还有差异。

不同于小鼠的是，大鼠的视觉和嗅觉都比较灵敏，用于条件反射实验比较好；它容易对药物产生耐药性，实验时要特别注意控制给药次数；还有一点就是大鼠的血压比较稳定，更方便做血压相关实验以及其他的一些慢性实验。

3. 地鼠

地鼠也喜欢晚上行动，尤其在晚上 8 ~ 11 点时非常活跃；它的牙齿非常坚硬，甚至可以咬断细的铁丝；它的口腔结构很奇特，具有颊囊，可以用来储存食物。

你可能会非常好奇：什么是颊囊呢？颊囊有点类似于袋鼠的袋子，是一种囊状的结构，只不过在口腔中而已，可以用来储存食物。你可以想象到一个有趣的画面：当地鼠发现食物，先急急忙忙地把东西抢过来塞入嘴里，直到颊囊变得鼓鼓囊囊的，然后找个地方慢慢吃。凭借这颊囊，地鼠可以储存食物用来冬眠。

还有一点不得不说，地鼠非常喜欢睡觉，当它进入深睡眠时，全身的肌肉会放松下来，这个时候地鼠不容易被弄醒，有时甚至会被误认为已死亡。

4. 豚鼠

豚鼠的寿命通常为 4 ~ 8 年。豚鼠日常需要大量的水和高质量的食物，包括新鲜的蔬菜、水果和干草。为了保持它们的健康，需要经常换水和清理它们的笼子。豚鼠非常可爱，头大、耳朵和四肢短小，它们的皮毛还有多种颜色。豚鼠作为草食性动物，需要摄取许多粗纤维。那么豚鼠主要用于什么实验呢？

因为豚鼠自身不能合成维生素 C，所以它可以用于研究实验性坏血症。

小燕：维生素 C 可是生物生长必需的营养素啊！

小南：对，所以豚鼠吃的是含有维生素 C 的特殊饲料，这样才能保证它们健康成长！

小燕：实验动物中有这么多有意思的现象，世界果然是五彩缤纷的！

5. 兔子

兔子同样有昼伏夜出的特性，在夜晚表现得非常活跃，进食、饮水都比白天多。当它晚上吃得足够饱时，白天就容易进入睡眠状态。在医学研究中，兔子应用广泛，因为它的耳朵的血管非常丰富，静脉也比较容易区分，所以，是练习静脉给药和采血的最佳部位。

小燕：我发现我们刚才学习的实验动物都有喜欢夜间活动的特点。

小南：是的。你可能不知道，兔子看起来非常温顺，但它们还很容易打架，所以实验用的兔子更适合笼养，最好一只兔子一个笼子。

6. 犬

犬在我们的生活中是比较常见的，除了嗅觉灵敏外，犬还有很多出色的特点。例如，它们的听觉非常灵敏，能够听到人类听不到的声音；它们的视力也很好，能够看到远处移动的物体。此外，犬还具有很高的忠诚度，它们会一直陪伴主人，为主人提供帮助和安慰。在很多国家和地区，犬还被用于执行警戒、搜救、导盲等任务，它们为人类社会做出了很大的贡献。

犬的反应灵敏，对环境适应能力强，也容易饲养。它们喜欢啃骨头，活泼好动，同时也可以吃一些素食。

需要明确的一点是，犬和狗还不太一样。严格意义上的狗指的是小狗，它们的体型较小。犬的品种多，个体差异非常大，根据成年犬的体重，可以将其分为袖珍型、小型、中型、大型四类，大型犬重达 25 千克以上。

犬的嗅觉可以灵敏到什么程度呢？

犬的嗅觉灵敏度大约是人类的 100 万倍，所以人们才训练出了警犬、搜救犬等。

犬的鼻腔内有许多褶皱，使鼻腔的表面积增加了许多，从而拥有更多的嗅细胞，所以犬的嗅觉非常灵敏。

犬的鼻子还可以显示它的健康状况。比如，当犬晒太阳时间太长或运动过度时，鼻腔会比较干燥，这属于正常现象，但如果不是以上原因引起的干燥，就可能是犬生病的征兆了。

7. 非人灵长类

在动物实验中，我们常用到的非人灵长类动物有猩猩、猴子、狒狒等。这些动物具有许多和人类相似的生物学特征，比如说它们的大拇指非常灵活，能够与其他指“对握”，这赋予了它们高度灵活的手指抓握能力。它们还有很高的智力和复杂的社会行为，因此，非人灵长类动物是研究脑疾病机理和治疗方法的模型动物。

猴子作为非人灵长类动物的一种，身体活动能力很强，能够在树上、岩石间、土地上等各种环境中自如移动。它们能够采食各种植物、昆虫、小型动物等，同时也具有较强的适应性。猴子的社交性很强，在社群中，猴子之间会进行各种各样的交流，包括使用肢体语言、面部表情、声音等，这有助于互相沟通和维护社群秩序。

与豚鼠一样，猴子体内也不能合

成维生素 C，所以需要定时补充。猴子和小鼠的生活习性相反——喜欢白天活动，晚上休息。猴子的进化程度比较高，它们的智力和神经系统比较发达，且擅长学习和模仿，甚至能够使用手来操纵工具。

然而，由于特殊的伦理关系，这一类实验动物在用于实验时受到的争议也是最多的。

8. 鱼

我们知道鱼离不开水，但是水的特殊环境使得微生物不好控制，营养标准化难度比较大，因此，鱼的培养设施以及应用条件非常高，对于鱼类实验动物的研究还有许多技术问题需要解决。这里我们仅介绍一种模式动物——斑马鱼。

斑马鱼能成为模式动物，它必然有很多优点：首先，斑马鱼个体非常小，成年斑马鱼仅 3 ~ 4 厘米长，而在幼年时只有 1 ~ 2 毫米，这意味着斑马鱼的饲养成本比较低；其次，斑马鱼产卵周期短，适合大规模繁育；再次；斑马鱼的胚胎发育非常快，从一粒受精卵发育到完整的胚胎只需要 24 小时，要知道人类胚胎完整发育可需要 10 个月！

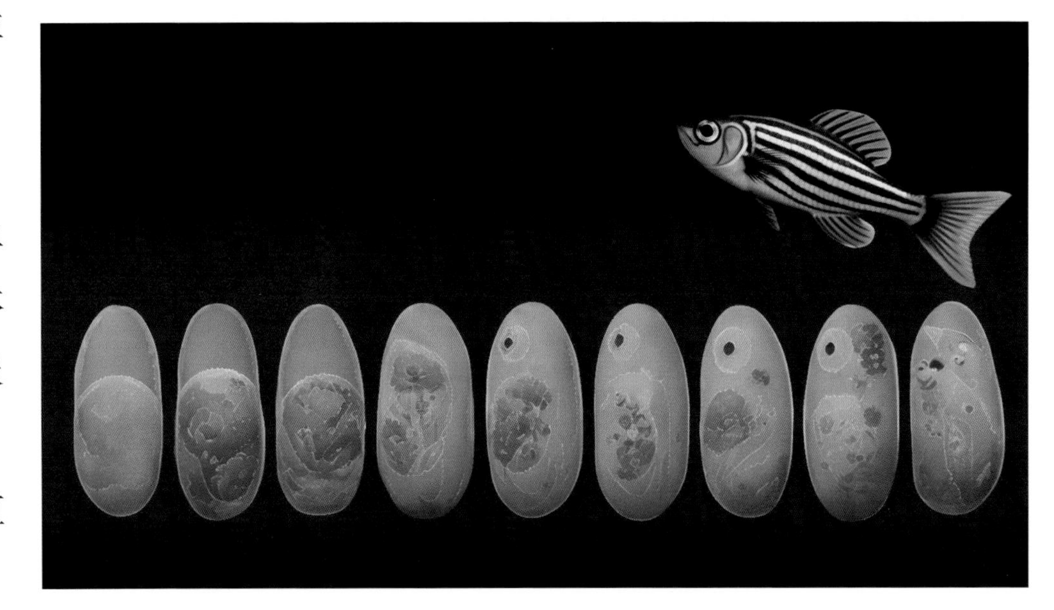

当斑马鱼受精 3 ~ 5 天后孵出的仔鱼就可以自由游泳了，说明此时斑马鱼身体内部的各种器官已经建成。斑马鱼还有极为特殊的一点，那就是在发育的前 7 天，它的身体是呈透明状的，这意味着可以直接观察斑马鱼内部器官的形成。

9. 猪

猪是一种常见的经济动物，同时也是实验动物。由于家猪的体型大，不方便实验处理以及饲养，所以常用于实验的是小型猪。

作为杂食性动物，猪的性格温驯，喜欢群居，对外界温、湿度变化敏感。猪与人的皮肤组织结构非常相似，因此，常被用于皮肤烧伤后的治疗等方面的研究。

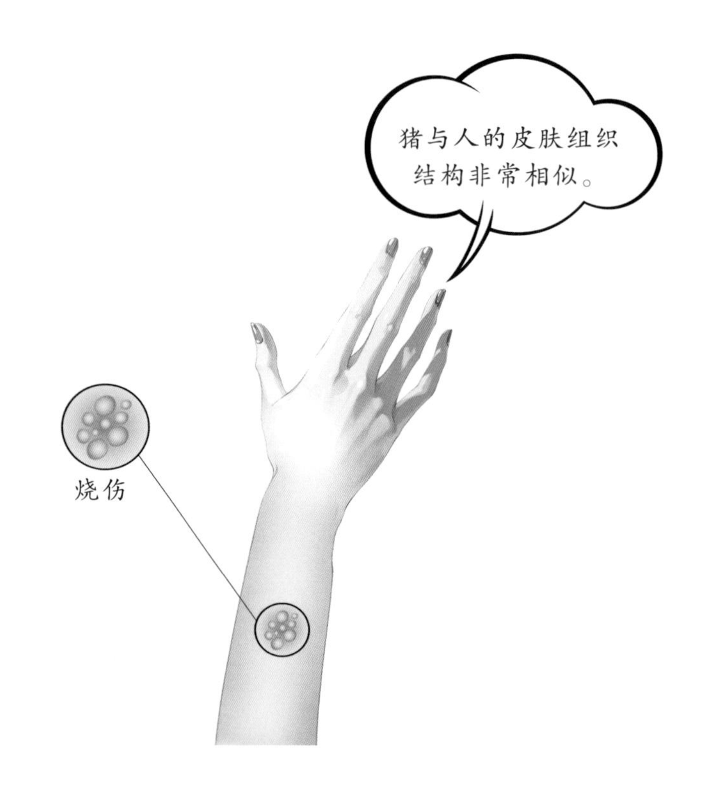

10. 鸡

鸡也是经济动物用作实验动物的例子。大家可能都听说过“公鸡打鸣”。鸡在我们平常的生活中很常见，它的采食范围非常广，草和肉都吃，甚至还会吃一些小石粒，这些小石粒会帮助鸡消化食物。鸡能够成群结队地采食，可以群体生活。

鸡被广泛用于营养学、行为学、免疫学等研究领域。例如，饲养在不同环境条件下的鸡，可以用来研究环境因素对鸡的生长发育、生理代谢和健康状况的影响；利用卵黄中的抗体，可以研究鸡蛋对人类健康的保健作用；鸡还可以用作人类疾病的模型动物，如用于白血病和艾滋病的研究等。总之，鸡在科学研究中有着广泛的应用。

11. 果蝇

在之前介绍的历史上著名的动物实验中，我们说过果蝇的优点。作为实验动物，果蝇的饲养很方便，用一个瓶子放上一些捣烂的水果，就可以饲养数百只到上千只果蝇。果蝇的繁殖也非常快——在25℃左右，10天就可以繁殖一代。果蝇变异可表现出明显的性状，例如，果蝇眼睛颜色、翅膀形状的变化。

许多胚胎的发育和世代交替需要很长的时间，然而，果蝇具有短暂的生长周期以及明显的突变性状。对遗传学家来说，用果蝇作遗传学研究材料可以节省很多时间并具有更大的便利。

了解到这里大家也许会有这样的疑问：这些动物本来可以自由自在地生活在大自然中，被人类困在一个逼仄的环境中，失去了自由还要承受科研实验的煎熬，是不是很痛苦？

带着这个疑问， 我们一起走进下一章——实验动物福利吧！

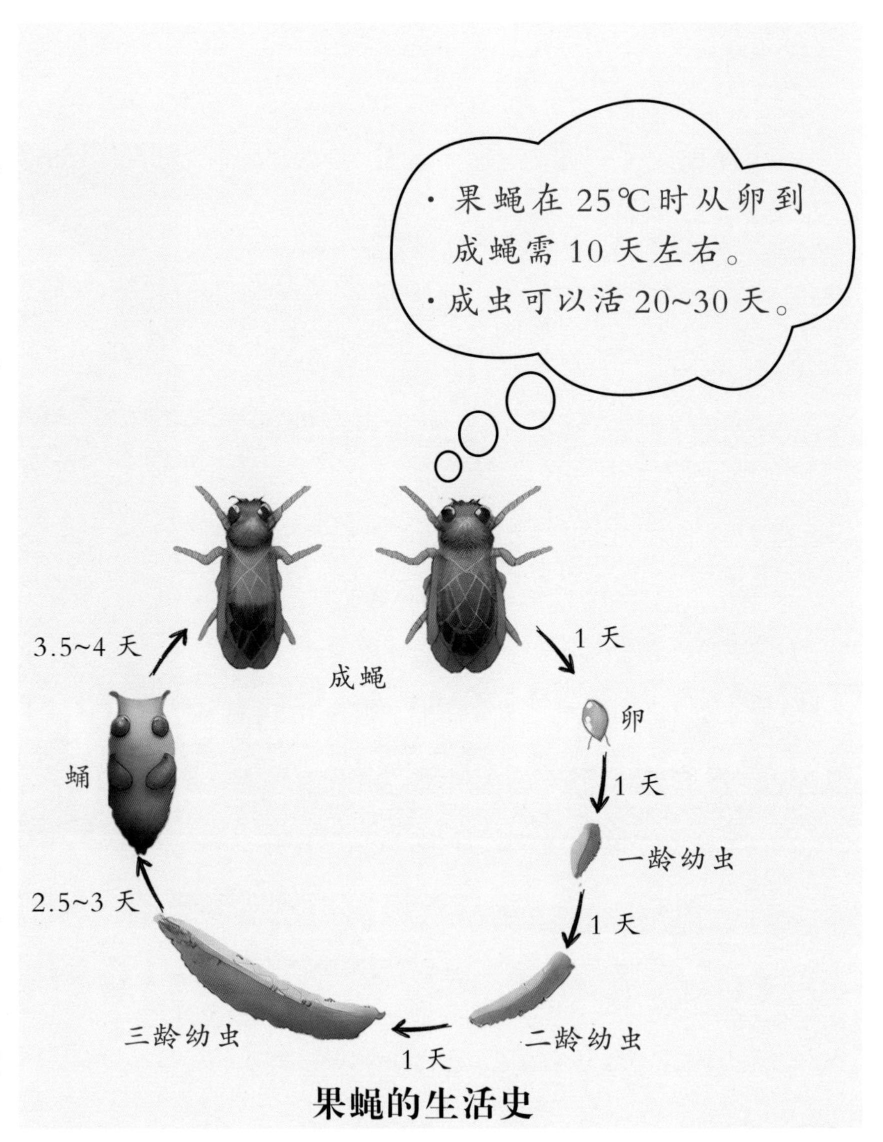

果蝇的生活史

五 自由 大

第三章 实验动物福利

3R 原则

（一）实验动物福利的概念

实验动物福利是指在实验动物的饲养管理和使用活动中，采取有效措施，保证动物能够受到良好的管理与照料，为其提供清洁、舒适的生活环境，提供保证健康所需的充足食物、饮用水和空间，使动物减少或避免不必要的伤害、饥渴、不适、惊恐、疾病和疼痛，让动物在健康快乐的状态下生存。通俗地讲，就是人类应该合理、人道地使用实验动物，尽量保证那些为人类做出贡献的动物享有最基本的权利，在动物饲养、实验、运输、安乐死过程中要尽量减少它们的痛苦。生命科学领域的科研、教学、生产等都离不开实验动物，我们要以实际行动尊重和善待实验动物，铭记实验动物为人类健康事业做出的巨大贡献和牺牲。

（二）实验动物福利的起源及发展

通过实验动物，科学家可以研究人类疾病的发病机理，探索新药的疗效和副作用，开展器官移植和再生医学等领域的研究。同时，实验动物也需要受到保护和关爱，保障它们的福利和权益。

1809 年，在英国就有人提出法案，要求禁止虐待动物，但是这项法案未获得通过。随着社会的进步，越来越多的人开始思考动物的权益保障。1822 年，“人道主义者”马丁提出了禁止虐待动物的议案并且在英国国会获得通过认可，这项法案叫作《禁止虐待动物法令》，又名《马丁法》，可以说是动物福利保护史上的里程碑法案。1850 年，法国通过了反对虐待动物的法律。同时期在荷兰、奥地利、德国等国家都相继通过了反对虐待动物的法律。1866 年，在美国成立了“禁止虐待动物协会”。1876 年，英国颁布了全世界第一部与动物实验有关的法律——《防止虐待动物法》。

20 世纪，越来越多的动物被用于医学研究，而更多的人注意到实验动物的福利。1966 年，美国联邦政府颁布了《动物福利法》。此后有关动物福利的法律越来越多，也越来越完善。我国第一部与实验动物相关的法规是 1988 年颁布的《实验动物管理条例》。

随着法规的不断建立和完善，“保护实验动物福利”不再是一句空洞的口号，人们把保护动物福利真正地落实到了国家的相关管理规定中。2015 年，哈佛医学院关闭了新英格兰灵长类动物研究中心，原因之一是该研究中心仅在 2011 年 2 月—2012 年 7 月就有 11 起违反动物福利规定的实验行为。这体现了人们对保护实验动物福利的重视，也意味着未来我们需要健全和完善这一保护机制。

小燕：保障动物福利的历史可谓一步一个脚印走下来的！

小南：没错，人类作为地球上的生物之一，应该认识到我们与其他动物之间的关系，尊重和保护动物的权利和生命是我们的责任和义务。

小南：现在，越来越多的人开始关注动物福利，越来越多的国家和地区出台了相关法律和政策，这些都是保护动物权益的重要措施。

小燕：是啊，不光是我们个人，整个社会都需要共同努力，让动物能够在一个更加美好的环境中生活，这样我们才能真正实现人与自然和谐共处。

我们需要明白，动物福利和公众健康关系非常大。恶劣的饲养环境会增加动物患病概率，比如说禽流感、狂犬病等，这些传染病的出现和动物福利的不全面有关。在养殖过程中，动物受到良好的照顾和管理，健康程度高才能生产出更好的产品，也能减少因动物疾病带来的食品安全隐患。同样，健康的实验动物才能更好地为科研、教学、新药开发和新技术开发等服务。

因此，对于动物福利的关注与改善，不仅是为了动物本身，更是为了人类自身的福祉。

H2O
H-O Cl
人类社会的科研、教学、生产都有动物的身影，保护动物就是保护人类自身！

（三）五大自由

五大自由也就是五大动物福利，由五个要素组成：享受不受饥渴的自由（生理福利），享有生活无恐惧和无悲伤的自由（心理福利），享有生活舒适的自由(环境福利)，享有不受痛苦、伤害和疾病的自由(卫生福利)，享有表达天性的自由(行为福利)。五大自由能够帮助动物更好地生存。

1. 生理福利

享受不受饥渴的自由——吃得好。

保证提供动物保持良好健康和精力所需要的食物和饮水。在我们的生活中，食物能够为我们提供营养物质和能量，保证我们健康成长。这样的道理同样适用于动物，当动物缺水、饥饿时，会感到不适，甚至会生病，所以必须保证适当的清洁水和有营养的食物的供应。例如，我们知道豚鼠自身不能合成维生素 C，因此，在饲养时就需要在它的饲料中添加维生素 C。

2. 心理福利

享有生活无恐惧和无悲伤的自由——不害怕。

在动物实验过程中，我们要提供适当的条件和处理方式，尽量降低动物遭受的恐惧和痛苦。比如说选择合适的麻醉剂剂量，让动物在没有痛苦的情况下接受实验。进行动物安乐死的时候也要先麻醉，让熟练的操作人员进行操作。

3. 环境福利

享有生活舒适的自由——住得好。

我们喜欢舒适的住房，累了可以有床休息，饿了有美食享用。动物也是一样，它们需要庇护和安全，需要足够的自由空间。

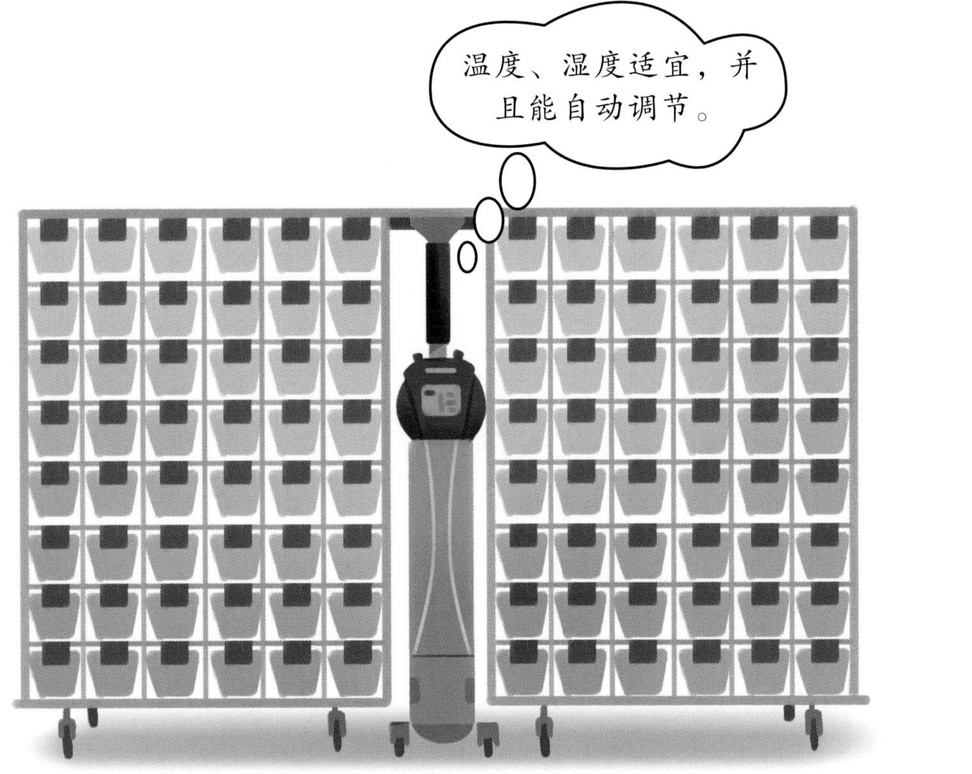

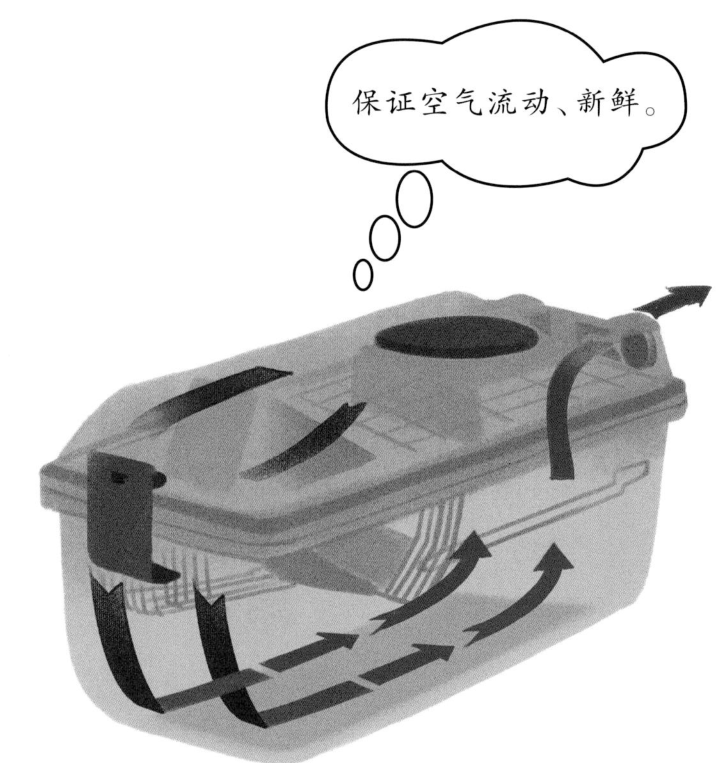

4. 卫生福利

享有不受痛苦、伤害和疾病的自由——无病痛。

可以想象，当你生病时，一定希望得到家人的照顾，希望在医院得到很好的治疗，尽快恢复健康。动物也是如此，在保障动物居住福利的情况下，为动物做好预防疾病的措施，给患病动物及时有效的诊治，这是动物享有的卫生福利。

5. 行为福利

享有表达天性的自由——无拘束。

我们平时和家人在一起生活，和朋友一起玩耍，喜欢各种活动，例如跑步、放风筝等。动物也有它们的天性，因此，应该为动物提供足够的空间、适当的设施以及动物伙伴，使它们能够自由表达天性，这是它们应享有的福利。多数实验动物(如啮齿类)为群居动物，良好的动物福利应以3 ~ 5只/笼为宜，并给它们提供合适的、可交替使用的玩具。

（四）3R 原则

动物福利中的五大自由，在进行动物实验时很难同时实现，因为实验过程中往往会给动物造成一定的伤害，甚至致其死亡，因此人们提出了 3R 原则，要求实验人员不能忽视动物实验可能对动物造成的痛苦和压力，并采取必要的措施，来确保动物实验的最少化和寻求替代性方法的应用。

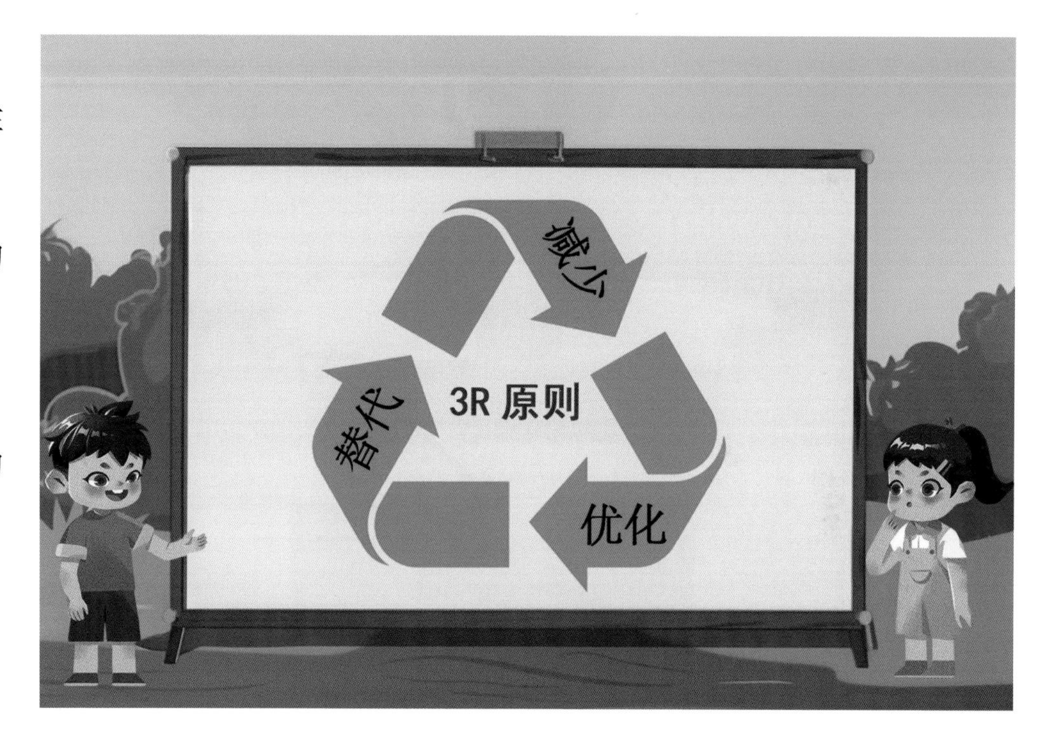

3R 原则是动物实验和动物保护之间的平衡点，3R 指的是替代（Replacement）、减少（Reduction）和优化（Refinement），使用 3R 原则可以减少科学研究中引起的动物福利问题。

让我们一起来看看 3R 的具体含义是什么吧！

1. 替代

只要能用体外手段或者其他无知无觉的实验材料来达到实验目的，就不要使用动物进行实验。比如说现在计算机技术发达，可以使用计算机模型来模拟实验；或者使用人工培养的细胞和组织局部模拟实验过程。这样在技术的支持下，尽量减少实验动物的使用。

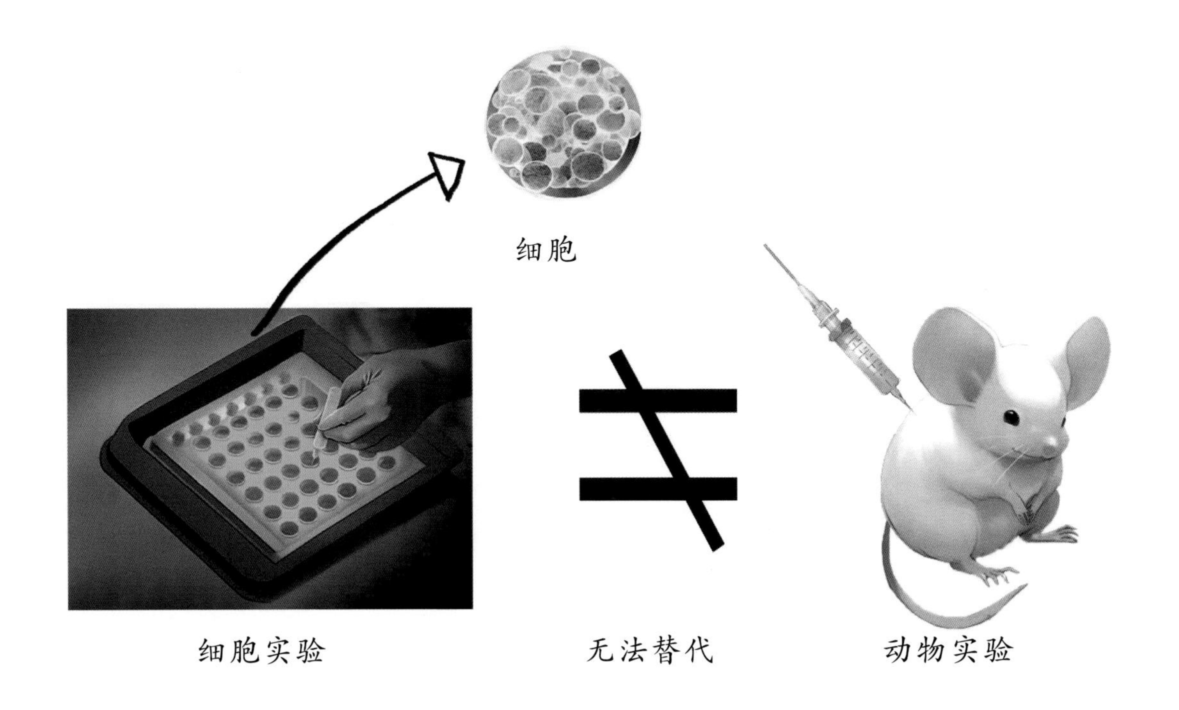

2. 减少

在动物实验过程中，经过实验流程和数据收集过程的优化，可以尽量减少实验动物的使用数量，减少不必要的重复实验。换而言之，就是用较少量的动物获取尽量多的实验数据。减少实验动物的使用，不仅可以降低成本，更重要的是能够保护实验动物，用最少的动物数量来达到我们所需要的实验目的。

3. 优化

优化是指给实验动物创造一个舒适的生存环境，尽量不使用会给动物带来痛苦和伤害的饲养方法和实验方法。比如，小鼠、豚鼠等喜欢群居，那么就不单独养殖，而是给它们找伴儿。又比如，猫喜欢攀爬，那么就给它提供猫爬架；猫的毛易打结，就时常给它梳理。再比如，若需要了解某些动物身体内的状况，可以用磁共振成像检查来代替解剖。

（五）世界实验动物日

就目前而言，动物实验不可避免，为了善待实验动物，我们能做的就是改进实验设计、规范实验操作，尽量使用较少的实验动物来保证实验数据的可靠性与准确性。

1979 年，由英国反活体解剖协会发起，将每年的 4 月 24 日定为世界实验动物日，前后一周则被称为实验动物周。世界各地的动物保护者会在这一段时间举行各种纪念活动，倡导科学人道地开展动物实验。

我们纪念为人类健康和生命科学、医学发展做出重大贡献和牺牲的实验动物，并呼吁践行实验动物福利的实施。手术刀划开了动物的皮肤，揭示了生命的奥秘，照亮了现代生命科技的路途。

我们需要铭记动物的付出，以这个特殊的日子去致敬实验动物无言的奉献。

实验动物福利知多少

第四章　动物实验争议

VS

（一）动物实验的局限性

无论动物与人类在生物学上具有多高的相似性，但始终还是有差别的。研发新药时进行动物实验，验证了药物对于动物的安全性，但这并不意味着对人类也一定是安全的。也就是说，动物实验研究存在局限性。

在20世纪50年代，联邦德国的一个药厂开发了一种新药，名叫沙利度胺。当时研究发现这种药物具有镇静作用，能够治疗失眠症，因此作为镇静催眠剂于1957年在联邦德国上市，在应用中展现出良好的效果。而沙利度胺对于孕早期妇女的妊娠反应也有明显疗效，故而当时许多不堪忍受孕吐的妇女也服用了沙利度胺。确实在服药之后，很多孕妇的症状得到了改善，正因为这样，沙利度胺的另外一个名字叫作“反应停”。由此该药物在欧洲得到广泛使用。

但是厄运发生了。1959年，联邦德国首先报告了一例手脚异常的畸形婴儿，随后在使用沙利度胺的国家均出现具有这类症状的婴儿。为什么会有这么多畸形婴儿出生呢？调查发现，这些婴儿的母亲在怀孕期间无一例外都服用过沙利度胺。于是药厂赶紧停止了沙利度胺的售卖，但是悲剧已经发生，这给数万个家庭带来了灾难。我们不得不思考这背后的原因，尽管新药上市前做了大量的动物实验，但药物的药理作用和不良反应在动物和人体中还是有差别的。

“反应停”悲剧推动了与新药上市相关法案的制定。法案要求一种新药上市，不但要提供动物实验结果，还必须提供一、二、三期临床试验的结果，必须要有非常详细的药物安全性证明，以弥补动物实验的局限，最大限度保证人类健康。

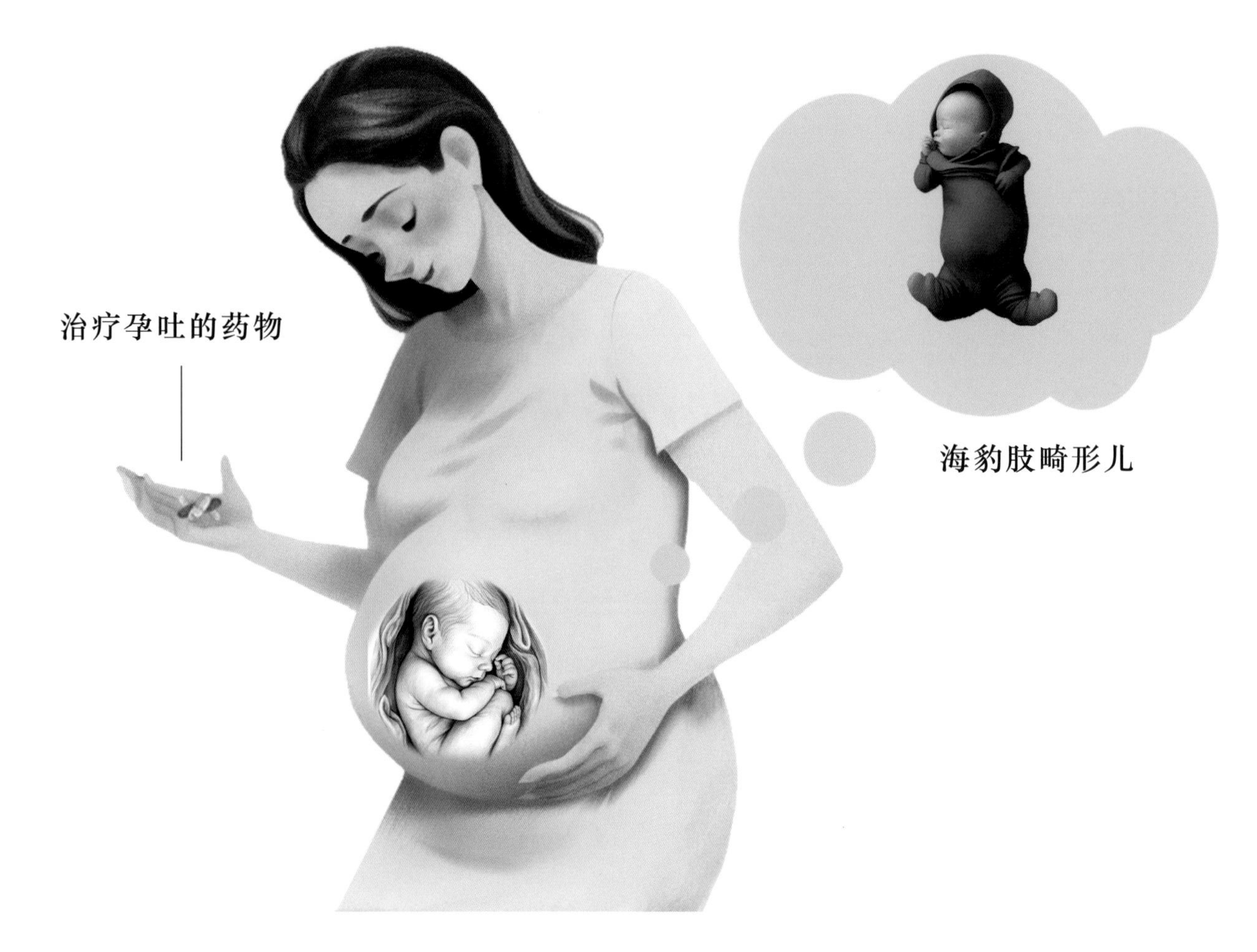

（二）来自动物保护组织的抗议

最开始药厂推出一款新药时，并不需要证明它的安全性，可想而知，这样可能导致严重的后果。例如，前面曾提到一名女性使用睫毛膏时造成了眼睛失明，由此美国颁布了《联邦食品、药品和化妆品法案》，规定所有药物上市前都需要进行安全证明。而想要证明药物安全性，离不开动物实验。

动物实验的开展促进了人类医药健康事业的发展，许多治疗疾病的药物获批上市，但动物实验也因此遭到了指责。在许多地方成立了防止虐待动物协会，动物保护人士认为，人和动物应当享有同等权益，动物实验会造成动物的痛苦，所以应该禁止动物实验。

多年来，动物保护组织一直致力于禁止动物实验。

1876 年，英国出台了《防止虐待动物法》。

1966 年，美国通过第一部保护动物权利的《动物福利法》。

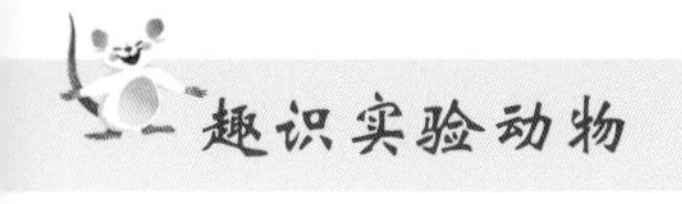

2013 年，欧盟开始全面禁止进口以及销售进行过动物实验的化妆品和材料。

这意味着经过动物实验的化妆品，哪怕是在其他国家生产的，也不能在欧洲销售。毫无疑问，没有买卖就没有伤害，这极大地保护了动物。

但换个角度来想，如果没有动物实验，很多医学领域的进步将是不可能的。科学家能够对动物进行变量控制的实验，比如说控制动物的饮食、生活温度、环境光照，但是如果以人为研究对象，这些控制是难以实现的。换一句话来说，又有多少人愿意替代实验动物成为实验对象呢？

当然，我们正在努力争取实验中减少实验动物的使用。那么具体有什么对策呢？请继续往下看。

（三）新时代背景下生命科学和医学研究发展趋势

在你看来，现代科学技术发展得怎么样？

现代医学建立在数千年人类对科学技术孜孜不倦地探索以及近百年来科技爆发的背景之下，现在完全步入了一个飞速发展的时代，信息技术、测序技术以及机器学习和细胞培养等都有极大的发展。2022 年底，美国通过了一个法案，允许未进行动物实验的新药获批上市。也就是说，使用非动物实验得到的数据也可以用于药物评估，是什么让这条法案有了颁布的底气呢？

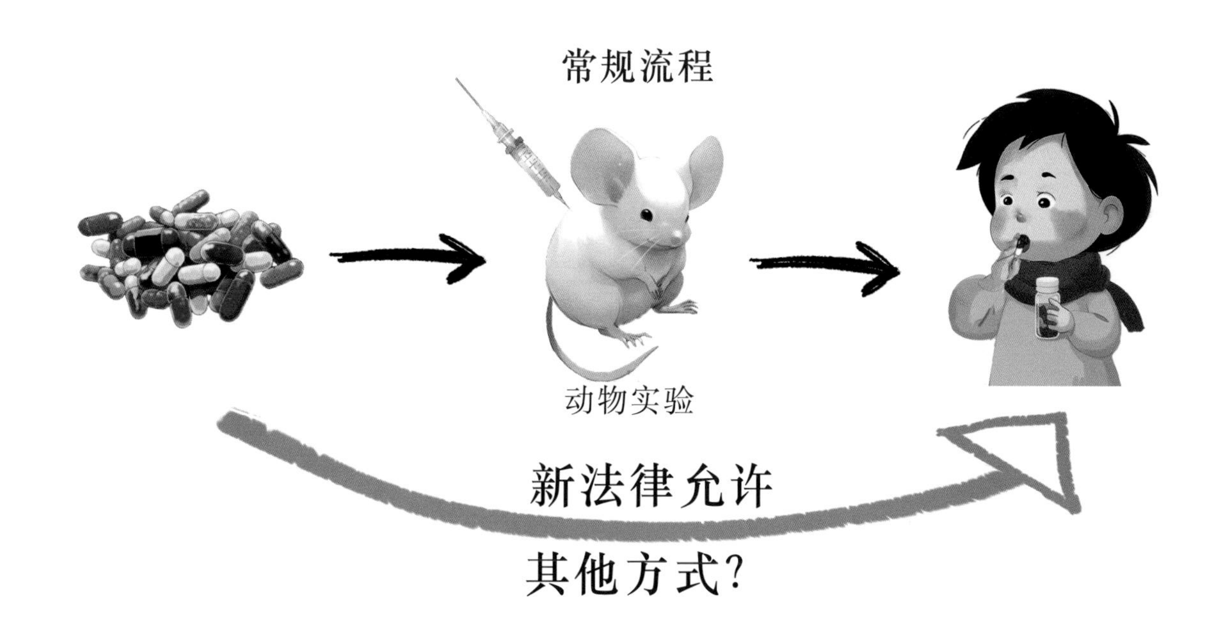

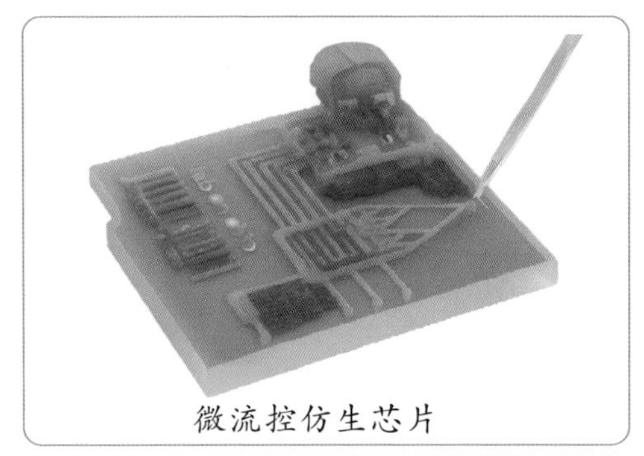
微流控仿生芯片

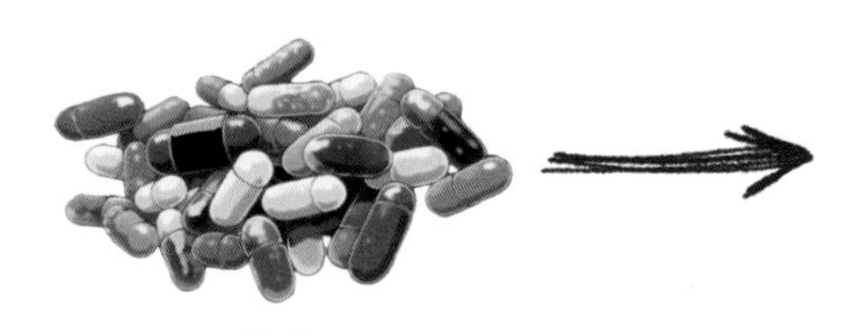
药物

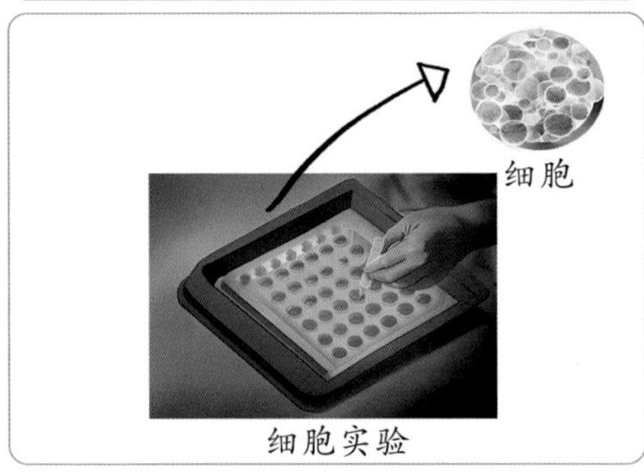

细胞实验

生物打印：生物打印的工作原理和普通打印机的基本相同，区别在于它打印成果是立体的。简单地说，就是通过计算机控制使用生物墨水（由干细胞和供其生长的营养物质组成）的打印喷头，将生物材料或者细胞一层层地打印出来，制造出立体有活性的生物组织的技术。

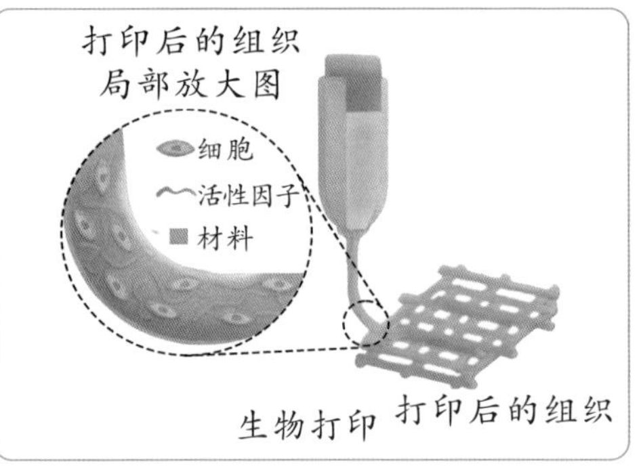

安全性验证方式

底气来自科学技术的提升。随着科学技术的不断发展，现代生命科学技术也在不断地探索和应用替代性方法，以避免或减少动物实验对动物造成的痛苦和压力。例如，细胞模型、器官芯片、生物打印和计算机模型等技术，已在生物医学研究、药物开发和临床治疗等领域得到广泛应用。这些技术既能很好地模拟人体生理和病理状态，又能提高实验效率和降低成本。

例如，类器官是利用干细胞进行体外培养所形成的具有一定空间结构的组织类似物。它在结构和功能上可以模拟真实器官，并且可以长期稳定地培养。和动物实验相比，类器官可以降低实验复杂性以及实验成本，可以解决种属差异问题，能应用在研究人类发育和疾病治疗的各个方面。

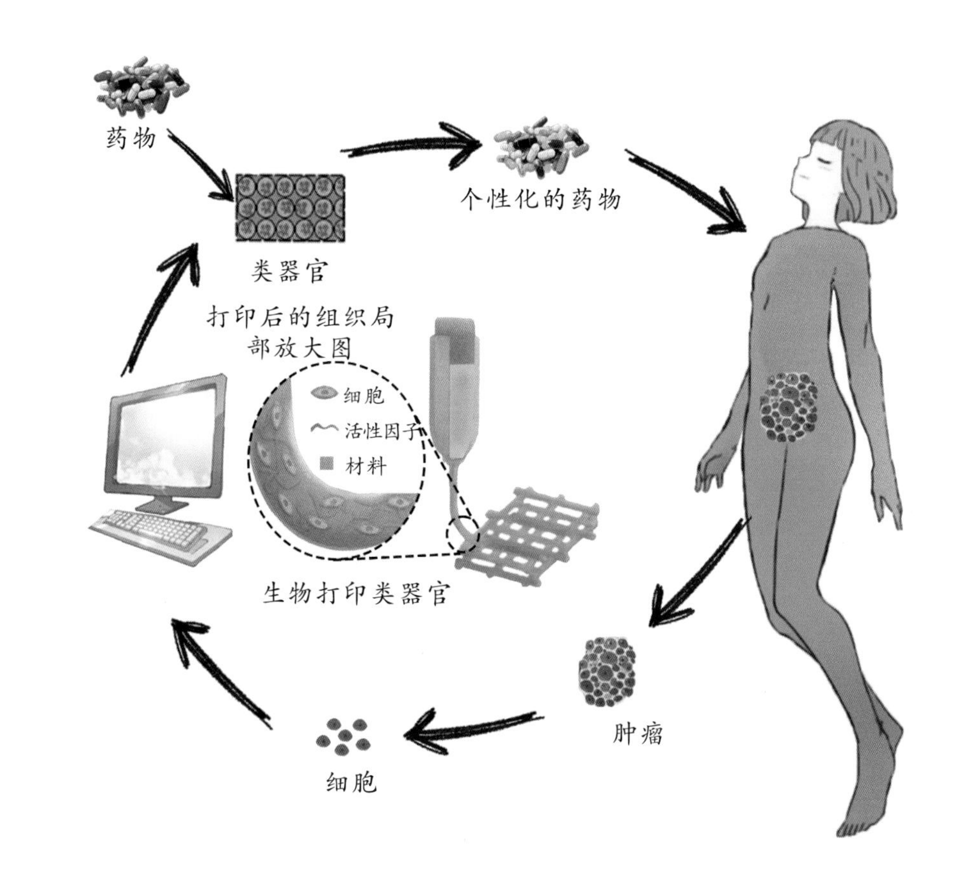

当然，类器官也具有局限性。目前类器官结构仍过于简单，缺少血管形成的过程。即使今天的类器官培养还不算成熟，但这个技术处于一个快速发展的阶段，它将会给新药的研发带来更成熟、更准确的筛选方案。

在未来我们将会研发多器官的串联，去

探索更多能够替代动物实验的检验方案。如果这些都能实现,或许有朝一日我们不再需要动物开展科研实验。

实验动物为现代医学科技的发展和人类健康做出了卓越的贡献。我们需要意识到,保护动物权益和推动科学进步并不矛盾,相反,二者是可以共存并取得平衡的。让我们一起关注实验动物,谨记它们的牺牲和奉献,共同推动实验动物保护事业的发展。

在这个过程中,少不了我们的共同努力,这也是我们如今学习的意义。

这段探索之旅已是尾声,相信你一定有满满的收获和感悟。让我们一起关爱实验动物,致敬那些为实验献身的动物!

我们的探索之旅结束了!

奉献

读者的话
小朋友们，有什么感想可以写下来哦！

测一测答案

第一章

1. C　2. A　3. B　4. C　5. C　6. ABCDE

第三章

五大自由：享受不受饥渴的自由，享有生活舒适的自由，享有生活无恐惧和无悲伤的自由，享有不受痛苦、伤害和疾病的自由，享有表达天性的自由

3R 原则：替代、减少、优化

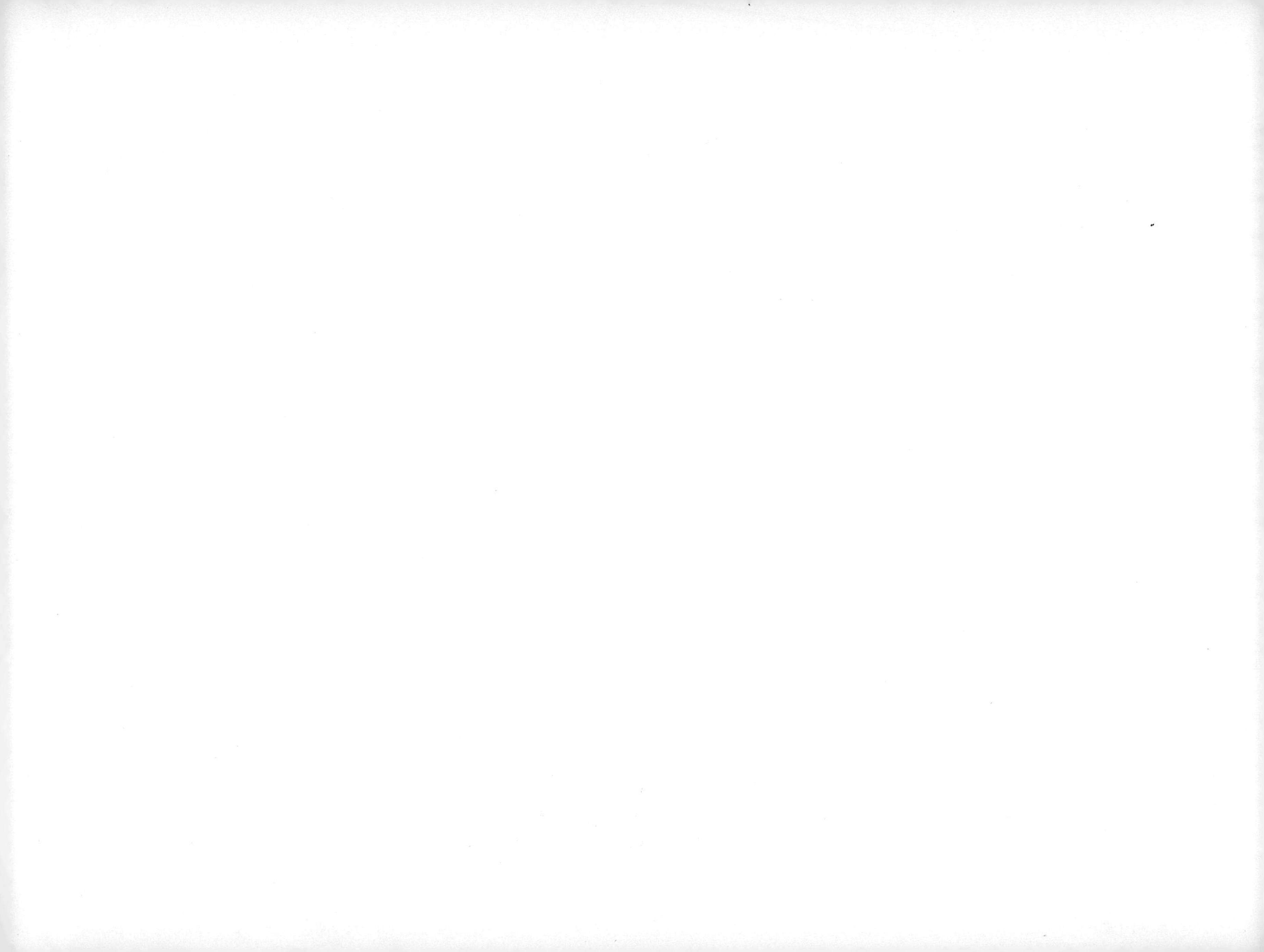